高等院校“十二五”规划教材

数值分析

张民选　罗贤兵 编　写

南京大学出版社

内容提要

数值分析又称为数值计算或计算方法，主要研究各类数学问题的数值解法(近似解法)，包括对方法的推导、描述以及对整个求解过程的分析，并由此为计算机提供实际可行、理论可靠、计算复杂性好的各种数值算法.

随着计算机科学与技术的迅速发展，大部分科学实验和工程技术中遇到的各类数学问题都可以通过数值分析中的方法加以解决.科学与工程计算已经成为与理论分析和科学实验同样重要的第三种科学手段.

从实际问题中抽象出的数学问题，大部分都与求解微分方程、线性方程组、非线性方程以及数据处理等问题有关.数值分析这门课程将围绕这些问题的解决提供一些有关的数值方法.本书的主要内容有：非线性方程的数值解法，线性方程组的解法，函数的数值逼近(代数插值与函数的最佳平分逼近)，数值积分与数值微分，常微分方程初值问题的数值解法以及矩阵特征值的计算等。

本书可作为高等学校数学专业大学生和工科硕士研究生“数值分析”课程的教材，也可供科技工作者参考.

图书在版编目(CIP)数据

数值分析 / 张民选，罗贤兵编写. —南京 ：南京大学出版社，2013.7(2021.8 重印)
高等院校“十二五”规划教材
ISBN 978-7-305-11418-2

Ⅰ.①数… Ⅱ.①张… ②罗… Ⅲ.①数值分析—研究生—教材 Ⅳ.①O241

中国版本图书馆 CIP 数据核字(2013)第 089566 号

出版发行 南京大学出版社
社　　址 南京市汉口路 22 号　　邮　编 210093
出 版 人 金鑫荣

丛 书 名 高等院校“十二五”规划教材
书　　名 数值分析
编　　者 张民选　罗贤兵
策划编辑 吴　华
责任编辑 姚　萍　吴　汀　　编辑热线 025-83596997

照　　排 南京开卷文化传媒有限公司
印　　刷 广东虎彩云印刷有限公司
开　　本 787×1092　1/16　印张 10.75　字数 259 千
版　　次 2013 年 7 月第 1 版　　2021 年 8 月第 5 次印刷
ISBN　978-7-305-11418-2
定　　价 28.00 元

网　　址：http://www.njupco.com
官方微博：http://weibo.com/njupco
官方微信号：njupress
销售咨询热线：(025)83594756

前　言

数值分析是一门紧密联系实际问题、数学理论与电子计算机的课程，随着计算机科学与技术的迅速发展，大部分科学和工程技术中遇到的各类数学问题都可以通过数值分析中的方法加以解决. 现今无论在传统科学领域还是高新科技领域都少不了数值计算这一类工作，数值计算已成为优化工程设计、进行数值模拟试验以代替耗资巨大的真实实验的一种重要手段.

随着科技的发展，越来越多的工科类学生，特别是工科类研究生，越来越需要吸取计算方法方面的知识，该书主要针对工科类研究生或本科生编写. 该书的主要内容是向读者介绍误差的相关知识、非线性方程求根、线性代数方程组数值解法、插值与拟合、数值积分与微分和常微分方程初值问题的数值解法等知识. 在此基础上，本书还简要介绍了适用于做数值计算的Matlab软件，并用本课程中的计算方法作为编程实例，读者只需要将现有例子做适当修改就可以实现本书中的计算方法.

全书初稿得到贵州师范大学杨一都教授和贵州大学张大凯教授一字一句的精心审校，并提出了许多宝贵意见，对此我们表示衷心的感谢. 全书在编写过程中，我们参阅了不少书籍，这些都已经列于参考文献，有些可能由于疏漏而没有列出，我们对这些资料的作者深表感谢.

本书是在南京大学出版社编辑吴华同志的精心统筹下编校出版的，她为保证本书的出版质量起到了关键作用. 本书的编写与出版还得到了贵州大学研究生院的关心、支持和资助，在此深表感谢.

由于水平有限，书中难免有一些错误、缺点和不足，恳请广大读者、同行和有关专家批评指正.

编　者

前 言

编 者

目　　录

第 1 章 引论

数值分析又称为数值计算或计算方法，是关于使用计算机进行近似计算的一门学科，主要研究各类数学问题的数值解法（近似解法），包括对方法的推导、描述以及对整个求解过程的分析，并由此为使用计算机解决由实际问题抽象出的数学模型提供切实可行、理论可靠、高效快速、计算复杂性好的各种数值算法.

因此数值分析是一门紧密联系实际问题、数学理论和电子计算机的课程，是科学与工程计算的基础. 随着计算机科学与技术的迅速发展，大部分科学实验和工程技术中遇到的各类数学问题都可以通过数值分析中的方法得以解决. 科学与工程计算已经成为与理论分析和科学实验同样重要的第三种科学手段. 现今无论在传统科学领域还是高新科技领域都少不了数值计算这一类工作，数值计算已成为优化工程设计、进行数值模拟试验以代替耗资巨大的真实实验的一种重要手段.

从实际问题中抽象出的数学问题的基本元素是函数、多项式、微积分、线性与非线性方程组等，数值分析这门课程将围绕这些基本问题的数值化提供一些基本的数值方法. 本书的主要内容有：非线性方程的数值解法，线性方程组的解法，函数的数值逼近（代数插值与函数的最佳平方逼近），数值积分与数值微分，常微分方程初值问题的数值解法以及矩阵特征值的计算等.

学习数值分析这门课程，首先要注意掌握方法的基本原理和基本思想，在此基础上注意和计算机结合进行一些数值计算的训练.

§1.1 误差的概念

1.1.1 误差的来源

电子计算机是解决当代一切重大科学、技术、工程、经济等问题的有力工具. 任何一个在生产活动和科学实验中提出的问题要在计算机上得以解决，一般要经历以下几个过程：首先要将实际问题根据一定的假设建立数学模型，其次根据数学模型的特点选择合适的计算方法，最后在计算机上实现算法得出数值结果，并结合实际校正数学模型，采用更有效的数值方法，达到更完美的结果.

数学模型是实际问题的一种数学描述，它往往抓住问题的主要因素，忽略其次要因素. 比如，自由落体运动中下落的高度 h 与下落的时间 t 之间的函数关系

$$h=\frac{1}{2}gt^2,$$

就是忽略了物体下落过程中的阻力而得到的，由这个公式算出来的下落高度和实际的下落高度有一些误差，这种误差称为**模型误差**.

在数学模型中往往有一些参数，比如温度、长度、电压、重力加速度等，这些参数是由观测或实验得到的，受测量仪器和视力等因素的影响，和实际值或准确值也有一定的误差，这种误差称为**观测误差**.

当实际问题的数学模型不能获得精确解时，必须采用数值方法（近似计算方法）求其近似解. 这些方法通常采用有限逼近无限，离散逼近连续，把无限的计算过程用有限步的计算来代替，由此产生的误差称为**截断误差**或**方法误差**.

例如，用 e^x 的幂级数展开式

$$\mathrm{e}^x=1+x+\frac{1}{2!}x^2+\frac{1}{3!}x^3+\cdots+\frac{1}{n!}x^n+\cdots$$

计算 e^x 时，取级数的前 $n+1$ 项的和 S_{n+1} 作为 e^x 的近似表达式：

$$\mathrm{e}^x\approx S_{n+1}=1+x+\frac{1}{2!}x^2+\frac{1}{3!}x^3+\cdots+\frac{1}{n!}x^n,$$

则 $R(x)=\mathrm{e}^x-S_{n+1}$ 就是截断误差.

计算器或计算机都只有有限位存储和计算能力，用数值方法解数学问题一般不能得到问题的精确解. 在进行数值计算的过程中，初始数据（例如一些无理数、无限循环小数或超出计算机字长的数）或计算的结果要用四舍五入或其他规则取近似值以存入计算机，由此产生的误差称为**舍入误差**.

以上简要叙述了用计算机解决实际问题的过程中所有可能产生的误差，也就是误差的来源. 模型误差和观测误差不是数值分析所讨论的对象，数值分析主要讨论的是截断误差和舍入误差.

1.1.2 误差的基本概念

用数值方法求一个数学问题的数值解时，要求问题的数值解与精确解的误差越小越好，也即数值解的精度越高越好. 因此首先要给出误差大小的度量，有两种衡量误差大小的方法，一个是绝对误差，另外一个是相对误差.

定义 1.1.1 设 x^* 是某一个量的准确值，x 是 x^* 的一个近似值，称 x^* 与 x 的差

$$e(x)=x^*-x \tag{1.1.1}$$

为 x 的**绝对误差**，通常简称为**误差**.

注意 绝对误差不是误差的绝对值. 当 $e(x)>0$ 时，x 是 x^* 的不足近似值；当 $e(x)<0$ 时，x 是 x^* 的过剩近似值. 绝对误差的绝对值的大小能够比较好地描述 x 与 x^* 的接近程度. 但是很多时候人们只知道这个量的近似值 x，因而无法算出准确的绝对误差，这时通常用另外一个量来描述绝对误差的大小.

定义 1.1.2 若$|e(x)|=|x^*-x|\leqslant\varepsilon$，则称$\varepsilon$是近似值$x$的**绝对误差限**.

注意 绝对误差限ε不唯一，它是绝对误差的一个估计，因此ε越小越好.

在实践中，通常是根据测量工具或计算情况去估计近似数的误差限. 比如，用一把厘米刻度尺去测量物体的长度，得长度为$x=23$ cm，这个物体的实际长度为x^* cm，从刻度尺可以知道其误差限为 0.5 cm.

衡量一个近似数的精确程度，只有绝对误差是不够的. 例如，测量长度为 1 000 m 的机场跑道误差是 1 m，而测量长度为 400 m 的跑道误差也是 1 m，显然前者的测量结果比后者精确. 这说明决定一个近似值的精度除了绝对误差外，还必须顾及这个数本身的大小. 这就需要引进相对误差的概念.

定义 1.1.3 近似值x的绝对误差和准确值之比，即

$$e_r(x)=\frac{x^*-x}{x^*}$$

称为近似值x的**相对误差**. 由于准确值x^*是不知道的，所以通常用

$$e_r(x)=\frac{x^*-x}{x} \tag{1.1.2}$$

表示近似值x的**相对误差**.

类似于绝对误差限，相对误差不可能计算出来，只能对它作一个估计.

定义 1.1.4 若$|e_r(x)|\leqslant\varepsilon_r$，则称$\varepsilon_r$是近似值$x$的**相对误差限**.

相对误差是一个无量纲的量，通常用百分比表示，与绝对误差限一样，相对误差限不唯一，越小近似程度越高. 另外，由绝对误差和相对误差的关系，容易得到$\varepsilon_r=\frac{\varepsilon}{|x|}$.

为了给出一种近似值的表示方法，使之既能表示其大小，又能表示其精确程度，下面引入有效数字的概念. 在实际计算中，当准确值x^*有很多位数时，通常按照四舍五入的原则取近似，得到近似值x. 例如，无理数

$$\mathrm{e}=2.718\,281\,828\,459\,045\,534\,9\cdots,$$

按四舍五入的原则取小数点后两位和后五位时，得$\mathrm{e}\approx\mathrm{e}_2=2.72$，$\mathrm{e}\approx\mathrm{e}_5=2.718\,28$，不管取几位小数得到的近似值，其绝对误差都不超过末位数的半个单位，即

$$|\mathrm{e}-\mathrm{e}_2|\leqslant\frac{1}{2}\times10^{-2},$$

$$|\mathrm{e}-\mathrm{e}_5|\leqslant\frac{1}{2}\times10^{-5}.$$

定义 1.1.5 设近似值$x=\pm0.\alpha_1\alpha_2\cdots\alpha_n\times10^m$，其中$\alpha_i\in\{0,1,2,\cdots,9\}(i=1,2,\cdots,n)$，$\alpha_1\neq0$，$m$为整数，如果其绝对误差$|e(x)|=|x^*-x|\leqslant\frac{1}{2}\times10^{m-n}$，则称近似值$x$有$n$位**有效数字**. 其中$\alpha_1,\alpha_2,\cdots,\alpha_n$都是$x$的有效数字，也称$x$为有$n$位有效数字的近似值.

根据定义1.1.5,前述近似值 e_2,e_5 分别具有3位和6位有效数字.

例 1.1 下列数据都是按照四舍五入的原则得到的数据,它们各有几位有效数字?

(1) 23.073 5; (2) 0.105 6; (3) 3.004; (4) 0.005 20.

解 设上述四个数据的准确值分别为 $x_1^*, x_2^*, x_3^*, x_4^*$,由于它们的近似值都是四舍五入得来的,故有

(1) $x_1=23.0735=0.230735\times10^2$,

$$|x_1^*-x_1|\leqslant\frac{1}{2}\times10^{-4}=\frac{1}{2}\times10^{2-6},$$

因此 $x_1=23.0735$ 有6位有效数字.

(2) $x_2=0.1056\times10^0$,

$$|x_2^*-x_2|\leqslant\frac{1}{2}\times10^{-4}=\frac{1}{2}\times10^{0-4},$$

因此 $x_2=0.1056$ 有4位有效数字.

(3) $x_3=3.004=0.3004\times10^1$,

$$|x_3^*-x_3|\leqslant\frac{1}{2}\times10^{-3}=\frac{1}{2}\times10^{1-4},$$

因此 $x_3=3.004$ 有4位有效数字.

(4) $x_4=0.00520=0.520\times10^{-2}$,

$$|x_4^*-x_4|\leqslant\frac{1}{2}\times10^{-5}=\frac{1}{2}\times10^{-2-3},$$

因此 $x_4=0.00520$ 有3位有效数字.

注意	x_4 小数点后最末位的0也是有效数字,不能舍去.

有效数字与相对误差限有如下关系:

定理 1.1.1 设近似值 $x=\pm0.\alpha_1\alpha_2\cdots\alpha_n\times10^m$ 有 n 位有效数字,则其相对误差限为 $\varepsilon_r=\frac{1}{2\alpha_1}\times10^{-n+1}$.

证明 因为 x 有 n 位有效数字,所以 $|x^*-x|\leqslant\frac{1}{2}\times10^{m-n}=\varepsilon$.

又因为 $|x|\geqslant\alpha_1\times10^{m-1}$,所以

$$\left|\frac{x^*-x}{x}\right|\leqslant\frac{\frac{1}{2}\times10^{m-n}}{\alpha_1\times10^{m-1}}=\frac{1}{2\alpha_1}\times10^{-n+1}=\varepsilon_r.$$

定理 1.1.2 设近似值 $x=\pm0.\alpha_1\alpha_2\cdots\alpha_n\times10^m$ 的相对误差限为

$$\varepsilon_r=\frac{1}{2(\alpha_1+1)}\times10^{-n+1},$$

则 x 至少有 n 位有效数字.

证明 因为绝对误差限 $\varepsilon=|x|\varepsilon_r$,$|x|\leqslant(\alpha_1+1)\times10^{m-1}$,所以

$$\varepsilon \leqslant (\alpha_1+1)\times 10^{m-1}\times\frac{1}{2(\alpha_1+1)}\times 10^{-n+1}=\frac{1}{2}\times 10^{m-n},$$

所以 x 至少有 n 位有效数字.

综上所述:有效数字可以刻画近似数的精确度;绝对误差与小数点后的位数有关;相对误差与有效数字位数有关;有效数字位数越大,近似数就越精确.

例 1.2 求$\sqrt{3}$的近似值,使其绝对误差限 ε 分别为$\frac{1}{2}\times 10^{-1}$,$\frac{1}{2}\times 10^{-3}$.

解 $\sqrt{3}=1.732\,05\cdots$,

依题意得其近似值 $x_1=1.7$,$x_2=1.732$.

例 1.3 已知近似值 x 的相对误差限 $\varepsilon_r=0.3\%$,求 x 至少具有几位有效数字.

解 设 x 的第一位有效数字为 $\alpha_1\neq 0$,则其相对误差限

$$\varepsilon_r=0.3\%=\frac{3}{1\,000}<\frac{1}{2}\times 10^{-2}=\frac{1}{2(9+1)}\times 10^{1-2},$$

因此 x 至少具有 2 位有效数字.

例 1.4 为了使$\sqrt{70}$的近似值的相对误差限 $\varepsilon_r<0.1\%$,查开方表时,应取多少位有效数字?

解 因为 $8<\sqrt{70}<9$,所以有效数字的第一位数 $\alpha_1=8$.

要 $\varepsilon_r<0.1\%=\frac{1}{1\,000}$,只要取 n,使得$\frac{1}{2\alpha_1}\times 10^{-n+1}=\frac{1}{2\times 8}\times 10^{-n+1}<\frac{1}{1\,000}$即可.

解上述不等式得 $n\geqslant 3$,故查开方表得$\sqrt{70}\approx 8.37$.

§1.2 函数的误差

在计算函数值时,如果自变量有误差,会导致求出来的函数值也有误差,本节考虑由自变量的误差所引起的函数值的误差,探讨它们之间的关系.

1.2.1 一元函数的误差

首先设 $y=f(x)$为线性函数,假设自变量的准确值为 x^*,近似值为 x,由这个近似值 x 计算出来的函数值为 $y=f(x)=kx+b$,因而函数值的误差为

$$y^*-y=f(x^*)-f(x)=k(x^*-x).$$

由此得到函数值的误差是自变量的误差的 k 倍. 记

$$e(y)=y^*-y,e(x)=x^*-x,$$

即得

$$e(y)=ke(x). \tag{1.2.1}$$

对于一般的函数 $y=f(x)$,假设自变量的近似值为 x,函数值的近似值为 y,自变量的

准确值为 x^*，函数值的准确值为 y^*，由一阶 Taylor 公式

$$f(x^*)-f(x)=f'(x)(x^*-x)+o(x^*-x),$$

这里 $o(x^*-x)$ 表示比 (x^*-x) 高阶的无穷小量. 舍去高阶无穷小量并引用前面的记号，得函数值的绝对误差

$$e(y)\approx f'(x)e(x) \tag{1.2.2}$$

及函数值的相对误差

$$e_r(y)=\frac{e(y)}{y}\approx x\frac{f'(x)}{f(x)}e_r(x). \tag{1.2.3}$$

例 1.5 已知函数 $y=x^m$ 和自变量的相对误差 $e_r(x)$，求函数的相对误差 $e_r(y)$.

解 因为 $y'=mx^{m-1}$，所以由式(1.2.3)得

$$e_r(y)\approx x\frac{mx^{m-1}}{x^m}e_r(x)=me_r(x),$$

即函数 $y=x^m$ 的相对误差大约是自变量 x 的相对误差的 m 倍.

1.2.2 多元函数的误差

设 $z=f(x,y)$ 为二元函数，已知两个自变量的误差 $e(x)$，$e(y)$ 与相对误差 $e_r(x)$，$e_r(y)$，怎样求由它们引起的函数值的误差 $e(z)$ 和相对误差 $e_r(z)$？

根据微积分的知识和一元函数的误差的启发，用二元函数的全微分来求二元函数值的误差：

$$e(z)\approx \mathrm{d}z=\frac{\partial z}{\partial x}e(x)+\frac{\partial z}{\partial y}e(y), \tag{1.2.4}$$

$$e_r(z)=\frac{e(z)}{z}\approx\frac{x}{z}\frac{\partial z}{\partial x}e_r(x)+\frac{y}{z}\frac{\partial z}{\partial y}e_r(y). \tag{1.2.5}$$

对于一般的 n 元函数，可以类似地获得其误差.

下面，特别针对“加、减、乘、除”的误差进行具体讨论. 为此，设 x，y 为近似值，x^*，y^* 为准确值，误差 $e(x)$，$e(y)$ 与相对误差 $e_r(x)$，$e_r(y)$ 已知.

根据误差与相对误差的定义易得

$$e(x\pm y)=e(x)\pm e(y), \tag{1.2.6}$$

$$e_r(x\pm y)=\frac{e(x\pm y)}{x\pm y}=\frac{x}{x\pm y}e_r(x)+\frac{y}{x\pm y}e_r(y). \tag{1.2.7}$$

设 $z=xy$，由式(1.2.4)和式(1.2.5)可得

$$e(xy)\approx ye(x)+xe(y), \tag{1.2.8}$$

$$e_r(xy)=\frac{e(xy)}{xy}\approx e_r(x)+e_r(y). \tag{1.2.9}$$

设 $z=\dfrac{x}{y}$,同理可得

$$e\left(\frac{x}{y}\right)\approx\frac{1}{y}e(x)-\frac{x}{y^2}e(y), \tag{1.2.10}$$

$$e_r\left(\frac{x}{y}\right)\approx e_r(x)-e_r(y). \tag{1.2.11}$$

例 1.6 设测得桌面长 $x=120.0$ cm,桌面宽 $y=60.0$ cm. 若已知 $|e(x)|\leqslant 0.2$ cm, $|e(y)|\leqslant 0.1$ cm,求桌面面积 S 的绝对误差限和相对误差限.

解 桌面面积 $S=xy$,由式(1.2.8)得绝对误差限

$$|e(S)|\leqslant|ye(x)|+|xe(y)|\leqslant 60\times 0.2+120\times 0.1=24\ \text{cm}^2,$$

由式(1.2.9)得相对误差限

$$|e_r(S)|\leqslant|e_r(x)|+|e_r(y)|\leqslant\frac{0.2}{120}+\frac{0.1}{60}=0.0033.$$

§1.3 算法的数值稳定性

所谓**算法**,不仅仅是单纯的数学公式,而是对一些已知数据按某种规定的顺序进行有限次的四则运算,求出所需要的未知量的整个计算步骤.解决一个数学问题往往有多种算法,不同算法计算的结果的误差往往是不同的.先看下面例题.

例 1.7 计算积分 $I_n=\int_0^1 x^n e^{x-1}dx, n=0,1,2,\cdots,9.$

解 利用定积分的分部积分法可得 I_n 的递推关系

$$\begin{cases}I_0=1-e^{-1}\approx 0.6321,\\ I_n=1-nI_{n-1}, n=1,2,3,\cdots,9.\end{cases} \tag{1.3.1}$$

计算结果如下:

n	0	1	2	3	4
I_n	0.632 1	0.367 9	0.264 2	0.207 4	0.170 4
n	5	6	7	8	9
I_n	0.148 0	0.112 0	0.216 0	−0.728 0	7.552 0

由于在闭区间[0,1]上,被积函数 $f(x)=x^n e^{x-1}\geqslant 0$,根据定积分的性质

$$0<\frac{e^{-1}}{n+1}=e^{-1}\min_{0\leqslant x\leqslant 1}(e^x)\int_0^1 x^n dx<I_n<e^{-1}\max_{0\leqslant x\leqslant 1}(e^x)\int_0^1 x^n dx=\frac{1}{n+1},$$

应有 $I_7 < \frac{1}{8} = 0.125, I_8 > 0, I_9 < \frac{1}{10} = 0.1$.

从表中可见按递推关系(1.3.1)算出的 I_7, I_8, I_9 的结果是不可采信的. 其原因是计算 I_0 时 e^{-1} 是无理数, 0.632 1 与 I_0 有不超过 $\frac{1}{2}\times 10^{-4}$ 的舍入误差,此误差在运算过程中传播很快, I_n 的误差 $e(I_n) = ne(I_{n-1}) = \cdots = n!\ e(I_0)$, 以致算出的 I_7, I_8, I_9 严重失真.

现在换一种计算方法. 由 $\frac{e^{-1}}{10} < I_9 < \frac{1}{10}$, 取 $I_9 \approx \frac{1}{2}\left(\frac{e^{-1}}{10} + \frac{1}{10}\right) = 0.068\,4$, 其绝对误差限为 $\frac{1}{2}\times 10^{-4}$, 将递推关系(1.3.1)改写为

$$\begin{cases} I_9 \approx 0.068\,4, \\ I_{n-1} = \frac{1}{n}(1 - I_n),\ n = 9, 8, \cdots, 1, \end{cases} \tag{1.3.2}$$

则计算结果如下:

n	9	8	7	6	5
I_n	0.068 4	0.103 5	0.112 1	0.126 8	0.145 5
n	4	3	2	1	0
I_n	0.170 9	0.207 3	0.264 2	0.367 9	0.632 1

从表中可见按递推关系(1.3.2)算出的 I_0 是相当准确的, 究其原因, 主要是 $e(I_{n-1}) = \frac{1}{n}e(I_n)$, 从而由 I_9 推算到 I_0 时, 误差传播为 $e(I_0) = \frac{1}{9!}e(I_9)$. 在这个过程中, 误差不但没有增加, 反而在不断地减少.

定义 1.3.1 如果一个算法的舍入误差在整个计算过程中能够得到有效的控制,或者舍入误差的增长不影响产生可靠的结果,则称此算法是**数值稳定的**,否则称此算法是**数值不稳定的**.

由前面对函数的误差分析知,在进行数值计算时,有些情况要特别注意,例如相近的数相减、绝对值小的数作除数等,这些情况会使计算结果严重失真,这显然不是人们所期望的. 在计算过程中,虽然处处有误差,但还是希望误差在可控制的范围内,否则就失去了计算的意义. 那么在计算过程中,要注意哪些问题,并怎样来解决呢? 以下分别举例说明.

1.3.1 避免相近的数相减

在数值计算中,两个相近的数相减时有效数字会损失,因此在计算过程中,需要尽量避免此情况的发生.

例 1.8 在 7 位字长十进制计算机上求 $x^2 - 26x + 1 = 0$ 的两个根.

(准确根为 $x_1 = 25.961\,481\cdots, x_2 = 0.038\,518\,603\cdots$)

解 首先利用一元二次方程求根公式 $x_{1,2} = \frac{-b \pm \sqrt{b^2 - 4ac}}{2a}$ 进行求解,得

$$x_1 = 13 + \sqrt{168} \approx 25.961\,48,\ x_2 = 13 - \sqrt{168} \approx 0.038\,52.$$

通过计算，x_1 有 7 位有效数字，但 x_2 的计算结果只有 4 位有效数字. 出现这种状况的主要原因是出现了 13 和 $\sqrt{168}$ 这两个相近的数相减损失了有效数字. 为避免这种情况，现采用韦达定理进行求解

$$x_1 = 13 + \sqrt{168} \approx 25.961\,48, x_2 = \frac{1}{x_1} \approx 0.038\,518\,6,$$

此时 x_2 有 6 位有效数字.

针对上述一元二次方程的求根公式，为避免相近的数相减损失有效数字，通常采用韦达定理和求根公式结合来求方程的根，而不是只利用求根公式.

例 1.9 假定在某一计算过程中，需要计算表达式 $1-\cos x$ 的值（x 非常接近 0），直接进行计算会导致相近的数相减损失有效数字，为避免这种情况发生，利用恒等式

$$1 - \cos x = 2\sin^2\frac{x}{2},$$

通过计算 $2\sin^2\frac{x}{2}$ 来代替计算 $1-\cos x$.

1.3.2 防止大数"吃掉"小数

在数值计算中，有时参加运算的数的数量级相差很大，而计算机的位数（字长）是有限的，在编程过程中若不注意运算顺序，就有可能产生大数"吃掉"小数的现象，影响计算结果的可靠性. 因此，数相加时，应尽量避免将小数加到大数中所引起的这种严重后果.

例 1.10 设 $a=10^8$，$b=40$，$c=30$，在 7 位字长的计算机上计算 $a+b+c$.

解 若直接按照 $a+b+c$ 这个顺序相加，其结果是 $a+b+c=a=10^8$，这是因为计算机作加减法时是要对阶的，即把加数都写成尾数小于 1 的同阶的数，再对其尾数相加减，所以

$$a = 0.100\,000\,0 \times 10^9, b = 0.000\,000\,04 \times 10^9, c = 0.000\,000\,03 \times 10^9,$$

而计算机字长只有七位，因而四舍五入得到

$$b = 0.000\,000\,0 \times 10^9, c = 0.000\,000\,0 \times 10^9,$$

所以从左到右计算是 $a+b+c=0.100\,000\,0\times 10^9=a=10^8$，此时 b，c 都被 a"吃掉"了.

若交换加法顺序，先计算 $b+c$，然后将其结果加到 a 上，其结果就变成了

$$b + c + a = 0.100\,000\,1 \times 10^9,$$

这就避免了 b，c 被 a"吃掉".

1.3.3 避免大乘数小除数

由式(1.2.8)知，当两个数 x，y 相乘时，如果乘数 x 或 y 的绝对值很大，函数值的绝对误差限 $|e(xy)|$ 会很大. 因此在计算过程中，尽量避免绝对值很大的数作乘数.

用绝对值小的数作除数，所得到的数的绝对值可能非常大，容易产生"溢出"现象，即计算结果超出计算机的存储范围. 即使不产生"溢出"现象，由式(1.2.10)知，当 $|y|$ 接近零时，$\left|\frac{1}{y}\right|$ 和 $\left|\frac{x}{y^2}\right|$ 就会很大，那么商 $\frac{x}{y}$ 的绝对误差限 $\left|e\left(\frac{x}{y}\right)\right|$ 也会很大. 因此在计算过程中，尽量

避免绝对值小的数作除数.

1.3.4 减少运算次数

同样一个计算问题,若能选择更为简洁的计算公式,减少运算次数,不但可以节省计算量,提高计算速度,还能减少误差积累.

例如,计算多项式 $P_n(x)=a_nx^n+a_{n-1}x^{n-1}+\cdots+a_1x+a_0$ 的值,若采用逐步计算然后相加的办法,计算 a_kx^k 需要 k 次乘法,而 $P_n(x)$ 有 $n+1$ 项,因此需作 n 次加法和 $1+2+\cdots+n=\dfrac{n(n+1)}{2}$次乘法,但若采用递推算法(秦九韶算法)

$$\begin{cases}u_0=a_n,\\ u_k=u_{k-1}x+a_{n-k},\end{cases}$$

对 $k=1,2,\cdots,n$ 反复执行 $u_k=u_{k-1}x+a_{n-k}$,则只需 n 次乘法和 n 次加法便可.

上述方法实际上就是对 $P_n(x)$ 的项加括号,例如

$$P_5(x)=a_5x^5+a_4x^4+a_3x^3+a_2x^2+a_1x+a_0,$$

对其加括号变成

$$P_5(x)=((((a_5x+a_4)x+a_3)x+a_2)x+a_1)x+a_0,$$

按加括号的顺序进行计算就是秦九韶算法.

习 题 1

1. 下列数字是按照四舍五入的方式得到的数据,指出其绝对误差限、相对误差限和有效数字位数.

(1) 1.071; (2) 0.005 6; (3) 333.00; (4) 2.050.

2. 用四舍五入的原则写出下列各数的具有 5 位有效数字的近似数.

(1) 346.785 4; (2) 7.000 009; (3) 0.000 132 458 0; (4) 0.600 030 0.

3. 计算 $\sqrt{10}$ 的近似值,使其相对误差不超过0.1%.

4. 为了使 $\sqrt{38}$ 的近似数的相对误差小于 0.1%,问应取几位有效数字?

5. 正方形的边长约为 10 cm,问测量边长的误差限多大才能保证面积的误差不超过0.1 cm^2.

6. 用下列数据计算 $\lg x-\lg y$.

(1) $x=100,y=100.1$; (2) $x=100.1,y=10^{-5}$.

7. 序列 $\{y_n\}$ 满足递推关系 $y_n=9y_{n-1}-2\,012(n=1,2,3,\cdots)$,若 $y_0=2.370\,12$(有 6 位有效数字),求计算 y_{10} 的绝对误差限是多少?

8. 求方程 $x^2-56x+1=0$ 的两个根,使其至少具有四位有效数字.

9. 下面计算 y 的公式,哪一个的精确度高?

(1) 已知$|x|\ll 1$,(A) $y=\frac{1}{1+2x}-\frac{1-x}{1+x}$； (B) $y=\frac{2x}{(1+2x)(1+x)}$.

(2) 已知$|x|\gg 1$,(A) $y=\frac{2}{x\left(\sqrt{x+\frac{1}{x}}+\sqrt{x-\frac{1}{x}}\right)}$； (B) $y=\sqrt{x+\frac{1}{x}}-\sqrt{x-\frac{1}{x}}$.

(3) 已知$|x|\ll 1$,(A) $y=\frac{2\sin^2 x}{x}$； (B) $y=\frac{1-\cos 2x}{x}$.

(4) 已知 $p>0, p\gg g$,(A) $y=\frac{g^2}{p+\sqrt{p^2+g^2}}$； (B) $y=-p+\sqrt{p^2+g^2}$.

第 2 章 非线性方程求根

在工程和科学技术中，许多问题常归结为求解函数方程：

$$f(x) = 0,$$

其中 $f(x)$ 为一元连续函数. 如果 $f(x)$ 为多项式函数，该方程称为代数方程；如果 $f(x)$ 为超越函数，该方程称为超越方程. 如何求方程 $f(x)=0$ 的根是一个古老的数学问题. 5 次以上的代数方程和超越方程一般没有求根公式，很难或者无法求得其精确解，而实际应用中只要得到满足一定精确度的近似解就可以了.

求方程 $f(x)=0$ 的近似根的一种最简单的方法为二分法，其基本思想是：首先根据方程有根定理（函数零点定理）确定方程的有根区间，然后不断地将有根区间一分为二，直到有根区间的长度在允许误差范围内，然后取有根区间的中点作为方程的近似根. 二分法的优点是算法简单，缺点是收敛速度慢，不能求重根.

求方程 $f(x)=0$ 的近似根的方法除了二分法之外，还有迭代法，特别是 Newton 迭代法及其变形、割线法、延拓法、长方体算法和遗传算法等. 读者可分别参见文献[2,4,6,8,15]，代数方程之根的快速求法可参见文献[14].

本章主要介绍求方程 $f(x)=0$ 近似根的一般迭代法、Newton 迭代法、割线法等.

§2.1 迭代法

2.1.1 基本方法

将方程

$$f(x) = 0 \tag{2.1.1}$$

化为等价形式

$$x = \varphi(x), \tag{2.1.2}$$

使 $f(x)=0$ 在某区间内的唯一实根 x^* 满足 $x^*=\varphi(x^*)$（此时 x^* 称为 $\varphi(x)$ 的不动点）. 在 x^* 附近任取一点 x_0，计算 $x_1=\varphi(x_0)$，再把得到的 x_1 代入(2.1.2)得 $x_2=\varphi(x_1)$，重复上述

过程,即得如下**迭代公式**

$$x_{k+1} = \varphi(x_k) \quad (k = 0,1,2,\cdots), \tag{2.1.3}$$

和迭代序列$\{x_k\}$($\varphi(x)$通常称为迭代函数). 如果迭代序列$\{x_k\}$的极限存在,则称迭代过程收敛,极限值$x^* = \lim\limits_{k\to\infty} x_k$就是方程(2.1.2)的根,$x_k$ 是x^* 的近似值. 如果迭代序列$\{x_k\}$的极限不存在,则称迭代过程发散,x_k 不能作为x^* 的近似值.

上述方法将求 $f(x)=0$ 的根的问题转化为求 x^* 使其满足 $x^* = \varphi(x^*)$的问题,通常称后一问题为函数 $\varphi(x)$的不动点问题. 因此,迭代公式(2.1.3)称为不动点迭代法.

例 2.1 求方程 $x^3-x-1=0$ 在 $x=1.5$ 附近的近似根.

解法 1 将原方程变形为 $x=\sqrt[3]{x+1}$,得到迭代公式 $x_{k+1}=\sqrt[3]{x_k+1}$ $(k=0,1,\cdots)$,取 $x_0=1.5$,其计算结果见下表:

k	0	1	2	3	4	5	6	7
x_k	1.500 0	1.357 2	1.330 9	1.325 9	1.324 9	1.324 8	1.324 7	1.324 7

故该方程在 1.5 附近的根 $x^* \approx x_7 = 1.324\,7$.

解法 2 将原方程变形为 $x=x^3-1$,得到迭代公式 $x_{k+1}=x_k^3-1$ $(k=0,1,2,\cdots)$,仍取 $x_0=1.5$,其计算结果见下表:

k	0	1	2
x_k	1.500 0	2.375	12.396

继续迭代已无必要,因为迭代值越来越大,不可能趋于方程在 1.5 附近的的根 x^*,即该迭代方法发散. 发散的迭代公式是没有用的.

由此例可以看出,并不是所有的迭代函数 $\varphi(x)$所对应的迭代公式(2.1.3)都收敛. 那什么样的迭代函数 $\varphi(x)$所对应的迭代公式(2.1.3)收敛呢?

2.1.2 迭代收敛的条件

定理 2.1.1 设迭代函数 $\varphi(x)\in C^1[a,b]$,若 $\varphi(x)$满足:

(1) 当 $x\in[a,b]$时,$\varphi(x)\in[a,b]$;

(2) 存在 $0<L<1$,使得对任意 $x\in[a,b]$,有$|\varphi'(x)|\leqslant L<1$.

则$\forall x_0\in[a,b]$,由迭代公式 $x_{k+1}=\varphi(x_k)$产生的迭代序列$\{x_k\}$收敛于方程 $x=\varphi(x)$在$[a,b]$上的唯一实根 x^*,并且

$$\left|x^* - x_k\right| \leqslant \frac{L}{1-L}\left|x_k - x_{k-1}\right|, \tag{2.1.4}$$

$$\left|x^* - x_k\right| \leqslant \frac{L^k}{1-L}\left|x_1 - x_0\right|. \tag{2.1.5}$$

证明 (Ⅰ) 先证方程 $x=\varphi(x)$在$[a,b]$上存在唯一实根 x^*.

令 $f(x)=\varphi(x)-x$,因为 $a\leqslant\varphi(x)\leqslant b$,所以

$$f(a) = \varphi(a) - a \geqslant 0, f(b) = \varphi(b) - b \leqslant 0.$$

由闭区间上连续函数的性质知函数 $f(x)$ 在 $[a,b]$ 上至少有一个零点,即方程 $x=\varphi(x)$ 在区间 $[a,b]$ 上至少有一个实根.

假设方程 $x=\varphi(x)$ 在区间 $[a,b]$ 上有两个实根 x^*,$\tilde{x}$,则由微分中值定理

$$x^*-\tilde{x}=\varphi(x^*)-\varphi(\tilde{x})=\varphi'(\xi)(x^*-\tilde{x}),$$

其中,ξ 在 x^* 和 $\tilde{x}$ 之间. 从而

$$(x^*-\tilde{x})[1-\varphi'(\xi)]=0.$$

而 $\varphi'(\xi)<1$,故有 $\tilde{x}=x^*$,即方程 $x=\varphi(x)$ 在区间 $[a,b]$ 上有唯一实根 x^*.

(Ⅱ) 再证 $\lim\limits_{k\to\infty}x_k=x^*$.

因为

$$\begin{aligned}0\leqslant|x^*-x_k|&=|\varphi(x^*)-\varphi(x_{k-1})|=|\varphi'(\xi)|\cdot|x^*-x_{k-1}|\\&\leqslant L|x^*-x_{k-1}|\leqslant\cdots\leqslant L^k|x^*-x_0|.\end{aligned}$$

又因为 $0<L<1$,故 $\lim\limits_{k\to\infty}L^k=0$,所以 $\lim\limits_{k\to\infty}x_k=x^*$.

(Ⅲ) 最后证两个不等式.

由(Ⅱ)得

$$\begin{aligned}|x^*-x_k|&\leqslant L|x^*-x_{k-1}|=L|x^*-x_k+x_k-x_{k-1}|\\&\leqslant L(|x^*-x_k|+|x_k-x_{k-1}|),\end{aligned}$$

因此

$$\left|x^*-x_k\right|\leqslant\frac{L}{1-L}\left|x_k-x_{k-1}\right|,$$

$$\begin{aligned}\left|x^*-x_k\right|&\leqslant\frac{L}{1-L}\left|x_k-x_{k-1}\right|=\frac{L}{1-L}\left|\varphi(x_{k-1})-\varphi(x_{k-2})\right|\\&=\frac{L}{1-L}\left|\varphi'(\xi)(x_{k-1}-x_{k-2})\right|\leqslant\frac{L^2}{1-L}\left|x_{k-1}-x_{k-2}\right|\\&\leqslant\cdots\leqslant\frac{L^k}{1-L}\left|x_1-x_0\right|.\end{aligned}$$

式(2.1.4)是一个后验误差估计式. 在计算过程当中,可以用它来控制迭代次数,若要求 $|x^*-x_k|<\varepsilon$,只要 $\frac{L}{1-L}|x_k-x_{k-1}|<\varepsilon$ 就停止迭代. 式(2.1.5)是一个先验误差估计式,用这个式子可以在误差允许的范围内事先算出迭代次数.

实际应用迭代法时,通常是在所求的根 x^* 的邻近进行,故引入局部收敛的概念.

定义 2.1.1 若存在 x^* 的某个邻域 $U(x^*)$,使得 $\forall x_0\in U(x^*)$,迭代公式(2.1.3)产生的序列 $\{x_k\}$ 收敛于 x^*,则称迭代公式(2.1.3)是**局部收敛的**.

定理 2.1.2 设迭代函数 $\varphi(x)$ 在方程 $x=\varphi(x)$ 的根 x^* 的邻近有连续的一阶导数,且 $|\varphi'(x^*)|<1$,则迭代公式 $x_{k+1}=\varphi(x_k)$ 是局部收敛的.

证明 由连续函数的性质知,存在 x^* 的某个邻域 $U(x^*)$,使得 $\forall x\in U(x^*)$,有 $|\varphi'(x)|<1$,由定理 2.1.1 的证明过程知,迭代公式 $x_{k+1}=\varphi(x_k)$ 在 x^* 的邻域 $U(x^*)$ 内收敛.

由于实际解题时，x^* 未知，条件 $|\varphi'(x^*)|<1$ 无法验证. 若已知初始值 x_0 在 x^* 的邻近，又根据 $\varphi'(x)$ 的连续性，可用 $|\varphi'(x_0)|<1$ 来代替 $|\varphi'(x^*)|<1$.

2.1.3　迭代收敛的速度

定理 2.1.1 给出了迭代公式(2.1.3)收敛的条件，如果求方程 $x=\varphi(x)$ 的近似根的几种迭代法都满足定理 2.1.1 的条件，即这些迭代法都收敛，又怎样描述收敛的快慢呢？

记 $e_k=x^*-x_k$ 为第 k 次迭代的误差.

定义 2.1.2　若 $\lim\limits_{k\to\infty}e_k=0$，且存在正常数 $p\geqslant 1$，使得

$$\lim_{k\to\infty}\frac{e_{k+1}}{e_k^p}=C(C\neq 0),$$

则称迭代公式(2.1.3)是 ***p* 阶收敛的**.

$p=1$，称为线性收敛；$p>1$，称为超线性收敛. 特别 $p=2$ 时，称为平方收敛.

定理 2.1.3　若迭代函数 $\varphi(x)$ 在方程 $x=\varphi(x)$ 的根 x^* 的邻近有连续的 $p(p>1)$ 阶导数，且

$$\varphi'(x^*)=\varphi''(x^*)=\cdots=\varphi^{(p-1)}(x^*)=0,\varphi^{(p)}(x^*)\neq 0,$$

则迭代过程(2.1.3)是 p 阶收敛的.

证明　因为 $\varphi'(x^*)=0$，由定理 2.1.2 知迭代公式(2.1.3)具有局部收敛性. 由 Taylor 公式

$$\begin{aligned}\varphi(x_k)&=\varphi(x^*)+\varphi'(x^*)(x_k-x^*)+\cdots+\frac{\varphi^{(p-1)}(x^*)}{(p-1)!}(x_k-x^*)^{p-1}+\frac{\varphi^{(p)}(\xi)}{p!}(x_k-x^*)^p\\&=\varphi(x^*)+\frac{\varphi^{(p)}(\xi)}{p!}(x_k-x^*)^p,\end{aligned}$$

即

$$\varphi(x_k)-\varphi(x^*)=\frac{\varphi^{(p)}(\xi)}{p!}(x_k-x^*)^p,$$

其中，ξ 在 x_k 与 x^* 之间. 因为 $\varphi(x_k)=x_{k+1}$，$\varphi(x^*)=x^*$，于是

$$x_{k+1}-x^*=\frac{\varphi^{(p)}(\xi)}{p!}(x_k-x^*)^p,$$

即 $e_{k+1}=\dfrac{\varphi^{(p)}(\xi)}{p!}e_k^p$，从而

$$\lim_{k\to\infty}\frac{e_{k+1}}{e_k^p}=\lim_{k\to\infty}\frac{\varphi^{(p)}(\xi)}{p!}=\frac{\varphi^{(p)}(x^*)}{p!}\neq 0.$$

所以迭代过程 $x_{k+1}=\varphi(x_k)$ 是 p 阶收敛的.

§2.2 迭代过程的加速方法

2.2.1 迭代加工

当迭代公式 $x_{k+1}=\varphi(x_k)$ 不收敛或收敛慢时，如何对其进行加工使其收敛或者提高其收敛速度？下面给出一种方法. 将方程 $x=\varphi(x)$ 化为等价形式

$$x = x + K[\varphi(x) - x], \tag{2.2.1}$$

其中，K 为待定参数.

记 $\psi(x)=x+K[\varphi(x)-x]$，则得到新的迭代公式

$$x_{k+1} = \psi(x_k) \quad (k = 1,2,\cdots). \tag{2.2.2}$$

适当地选取待定参数 K，使不收敛的公式 $x_{k+1}=\varphi(x_k)$ 变成收敛的公式，使收敛速度很慢的公式 $x_{k+1}=\varphi(x_k)$ 变成收敛速度较快的公式.

方法 1 由定理 2.1.1 知，当 $|\psi'(x)|<1$ 时，迭代公式(2.2.2)是收敛的. 根据这个原理，对 $\psi(x)$ 求导数得

$$\psi'(x) = 1 + K[\varphi'(x) - 1].$$

取 K 使得

$$|1 + K[\varphi'(x) - 1]| < 1, \tag{2.2.3}$$

则迭代公式 $x_{k+1}=\psi(x_k)$ 即 $x_{k+1}=x_k+K[\varphi(x_k)-x_k]$ 收敛.

例 2.2 求 $f(x)=x^3-3x+1=0$ 在(1,2)内的实根.

解 如果将方程变形为 $x=\frac{1}{3}(x^3+1)=\varphi(x)$，则在区间(1,2)内有 $|\varphi'(x)|=|x^2|>1$，迭代公式 $x_{k+1}=\varphi(x_k)$ $(k=1,2,\cdots)$ 是不收敛的，其计算结果见后表.

现将方程化为 $x=x+K\left[\frac{1}{3}(x^3+1)-x\right]$，取 K 满足 $|1-K+Kx^2|<1$，即

$$-\frac{2}{x^2-1} < K < 0.$$

因为 $x\in(1,2)$，所以取 K 满足 $-\frac{2}{3}<K<0$，则迭代公式 $x_{k+1}=x_k+K\left[\frac{1}{3}(x_k^3+1)-x_k\right]$ 收敛.

例如，取 $K=-\frac{1}{2}$，则相应的迭代公式为 $x_{k+1}=\frac{3}{2}x_k-\frac{1}{6}(x_k^3+1)$ $(k=1,2,\cdots)$，其计算结果见下表：

	$x_0=1.1$		$x_0=1.5$	
k	$\varphi'(\cdot)>1$	$\psi'(\cdot)<1$	$\varphi'(\cdot)>1$	$\psi'(\cdot)<1$
0	1.100 000 00	1.100 000 00	1.500 000 00	1.500 000 00
1	0.777 000 00	1.261 500 00	1.458 333 33	1.520 833 33
2	0.489 699 14	1.390 995 21	1.367 163 39	1.528 318 81
3		1.471 260 87	1.185 137 98	1.530 847 63
4		1.509 440 66	0.888 195 99	1.531 682 62
5		1.524 306 60	0.566 896 94	1.531 956 17
6		1.529 502 81		1.532 0455 6
7		1.531 239 79		1.532 074 75
8		1.531 811 23		1.532 084 27
9		1.531 998 21		1.532 087 38
10		1.532 059 29		1.532 088 39

故所求方程的根为 $x^*\approx 1.532\,059\,29$ 或 $x^*\approx 1.532\,088\,39$.

方法 2　由定理 2.1.2 可知，当 $\psi'(x^*)=0$ 时，迭代公式(2.2.2)是局部收敛的，故选取 K 使其满足

$$1+K[\varphi'(x^*)-1]=0,$$

即

$$K=\frac{1}{1-\varphi'(x^*)}.$$

这样得到迭代函数 $\psi(x)=x+\dfrac{\varphi(x)-x}{1-\varphi'(x^*)}$ 及局部收敛的迭代公式

$$x_{k+1}=x_k+\frac{\varphi(x_k)-x_k}{1-\varphi'(x^*)}\quad(k=1,2,\cdots).\tag{2.2.4}$$

因为 $\varphi'(x^*)$ 无法精确求出，所以实践中常找一个近似值 L 代替它(常取 $\varphi'(x^*)\approx L$)，于是得到迭代公式

$$x_{k+1}=x_k+\frac{\varphi(x_k)-x_k}{1-L}\quad(k=1,2,\cdots).\tag{2.2.5}$$

当 L 是 $\varphi'(x^*)$ 的一个好的近似时，迭代公式(2.2.5)自然收敛也快.

2.2.2　Aitken 算法

以公式(2.2.4)为基础，只要对 $\varphi'(x^*)$ 提供一种算法，相应地便可导出一种计算公式. 所谓 **Aitken 算法**，就是用差商公式计算 $\varphi'(x^*)$ 后导出的一种计算公式.

当用迭代公式 $x_k=\varphi(x_{k-1})$ 求得方程 $x=\varphi(x)$ 的根 x^* 的近似值 x_k 后，再用该迭代公式迭代两次 $x'_{k+1}=\varphi(x_k)$，$x''_{k+1}=\varphi(x'_{k+1})$，然后在公式(2.2.4)中取

$$\varphi'(x^*)\approx\frac{\varphi(x'_{k+1})-\varphi(x_k)}{x'_{k+1}-x_k}=\frac{x''_{k+1}-x'_{k+1}}{x'_{k+1}-x_k},$$

便得到 Aitken 公式

$$\begin{cases}x'_{k+1}=\varphi(x_k),\\ x''_{k+1}=\varphi(x'_{k+1}),\\ x_{k+1}=x''_{k+1}-\dfrac{(x''_{k+1}-x'_{k+1})^2}{x''_{k+1}-2x'_{k+1}+x_k}\end{cases}\quad(k=1,2,\cdots).\qquad(2.2.6)$$

一般情况,Aitken 公式具有良好的收敛性;有时一个不收敛的迭代公式经过 Aitken 算法处理后也可能变得收敛.

例 2.3 用 Aitken 算法求方程 $x^3-x-1=0$ 在 $x=1.5$ 附近的近似根.

解 由例 2.1 知,迭代公式 $x_{k+1}=x_k^3-1$ 是发散的. 现在以这种迭代公式为基础形成 Aitken 算法:

$$\begin{cases}x'_{k+1}=x_k^3-1,\\ x''_{k+1}=x'^3_{k+1}-1,\\ x_{k+1}=x''_{k+1}-\dfrac{(x''_{k+1}-x'_{k+1})^2}{x''_{k+1}-2x'_{k+1}+x_k}\end{cases}\quad(k=1,2,\cdots).$$

取 $x_0=1.5$,计算结果见下表:

k	x'_{k+1}	x''_{k+1}	x_{k+1}
0	2.375 00	12.396 5	1.416 29
1	1.840 92	5.238 88	1.355 65
2	1.491 40	2.317 28	1.328 95
3	1.347 10	1.444 35	1.324 80
4	1.325 18	1.327 14	1.324 72

故方程的根为 $x^*\approx1.324\,72$.

§ 2.3 Newton 迭代法

2.3.1 Newton 迭代公式

Newton 迭代公式是一种重要的迭代公式,是一种逐步线性化的方法.

设函数 $f(x)$ 二阶连续可微,x_k 是方程 $f(x)=0$ 的根 x^* 的一个近似值,将 $f(x)$ 在点 x_k 处按 Taylor 公式展开

$$f(x)=f(x_k)+f'(x_k)(x-x_k)+\frac{1}{2}f''(\xi)(x-x_k)^2,$$

其中,ξ 在 x 与 x_k 之间. 当 $|x-x_k|$ 很小时,忽略右端最后一项,得

$$f(x) \approx f(x_k) + f'(x_k)(x - x_k) = P_1(x).$$

当 $f'(x_k) \neq 0$ 时，方程 $f(x)=0$ 可近似为 $P_1(x)=0$，这是一个线性方程，其根易求. 取 $P_1(x)=0$ 的根为方程 $f(x)=0$ 的新的近似根 x_{k+1}，由此得到 **Newton 迭代公式**

$$x_{k+1} = x_k - \frac{f(x_k)}{f'(x_k)} \quad (k=1,2,\cdots). \tag{2.3.1}$$

其迭代函数 $\varphi(x) = x - \dfrac{f(x)}{f'(x)}$.

Newton 迭代法的几何意义：由于曲线 $y=f(x)$ 在点 $(x_k, f(x_k))$ 处的切线方程为

$$y - f(x_k) = f'(x_k)(x - x_k),$$

设该切线与 x 轴的交点的横坐标为 x_{k+1}，则

$$0 - f(x_k) = f'(x_k)(x_{k+1} - x_k),$$

$$x_{k+1} = x_k - \frac{f(x_k)}{f'(x_k)}.$$

这就是 Newton 迭代公式.

因此，Newton 迭代法的几何意义就是用曲线 $y=f(x)$ 在点 $(x_k, f(x_k))$ 处的切线与 x 轴的交点来近似曲线 $y=f(x)$ 与 x 轴的交点，即方程 $f(x)=0$ 的根（见图 2-1）. 故 Newton 迭代法又称为切线法.

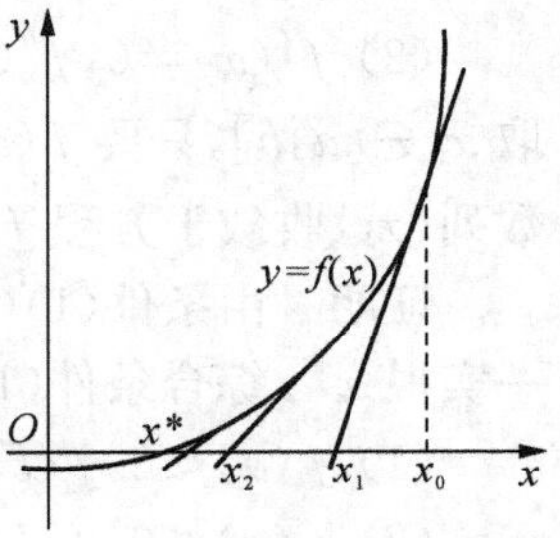

图 2-1

2.3.2　Newton 迭代法的收敛性

定理 2.3.1　设 $f(x)$ 在 x^* 邻近二阶连续可微，x^* 是 $f(x)=0$ 的单根，则 Newton 迭代公式 $x_{k+1}=x_k-\dfrac{f(x_k)}{f'(x_k)}$ $(k=1,2,\cdots)$，在 x^* 邻近至少是平方收敛的.

证明　Newton 迭代法的迭代函数为 $\varphi(x)=x-\dfrac{f(x)}{f'(x)}$，则

$$\varphi'(x) = \frac{f(x)f''(x)}{[f'(x)]^2}.$$

由于 x^* 是单根，故 $f(x^*)=0$，$f'(x^*) \neq 0$，因此有

$$\varphi'(x^*) = \frac{f(x^*)f''(x^*)}{[f'(x^*)]^2} = 0.$$

由定理 2.1.2 知 Newton 迭代公式 $x_{k+1}=x_k-\dfrac{f(x_k)}{f'(x_k)}$ 是局部收敛的.

由 Taylor 公式

$$0 = f(x^*) = f(x_k) + f'(x_k)(x^* - x_k) + \frac{1}{2}f''(\xi)(x^* - x_k)^2,$$

其中，ξ 在 x^* 与 x_k 之间.

可推出

$$x^*=x_k-\frac{f(x_k)}{f'(x_k)}-\frac{f''(\xi)}{2f'(x_k)}(x^*-x_k)^2=x_{k+1}-\frac{f''(\xi)}{2f'(x_k)}(x^*-x_k)^2,$$

故

$$\lim_{k\to\infty}\frac{e_{k+1}}{e_k^2}=-\lim_{k\to\infty}\frac{f''(\xi)}{2f'(x_k)}=-\frac{f''(x^*)}{2f'(x^*)}.$$

若 $f''(x^*)\neq 0$,那么 Newton 迭代公式是平方收敛的;若 $f''(x^*)=0$,那么 Newton 迭代公式的收敛速度更快.因此 Newton 迭代法在 x^* 邻近至少是平方收敛的.

由于 Newton 迭代法只是局部收敛,故初始值 x_0 应充分靠近根 x^* 才能保证收敛,这在一般情况下不容易做到.为此,下面给出 Newton 迭代法全局收敛的条件.

定理 2.3.2 设函数 $f(x)$在$[a,b]$上二阶可导,并满足下列条件:

(1) $f(a)f(b)<0$;

(2) $f'(x)\neq 0$,$f''(x)$不变号.

取 $x_0\in[a,b]$,只要 $f(x_0)f''(x_0)>0$,则以 x_0 为初始点的 Newton 迭代公式(2.3.1)产生的数列$\{x_k\}$收敛于方程 $f(x)=0$ 在$[a,b]$上的唯一实根 x^*.

证明 由条件(1)(2)知,函数 $f(x)$在$[a,b]$上单调,方程 $f(x)=0$ 在(a,b)内存在的唯一实根 x^*.综合条件(1)(2),可得如下四种情形:

(1) $f(a)<0,f(b)>0,f'(x)>0,f''(x)>0$;

(2) $f(a)<0,f(b)>0,f'(x)>0,f''(x)<0$;

(3) $f(a)>0,f(b)<0,f'(x)<0,f''(x)>0$;

(4) $f(a)>0,f(b)<0,f'(x)<0,f''(x)<0$.

下面就第一种情形证明,其他三种情形的证明类似.

由于 $f(x_0)f''(x_0)>0$,故 $f(x_0)>0=f(x^*)$,因此 $x_0>x^*$.

下面证明,若 $x_k>x^*$,就有 $x_k>x_{k+1}>x^*$.

因为 $f'(x)>0$,所以 $f(x)$单调递增,

$$f(x_k)>f(x^*)=0,$$

$$x_{k+1}=x_k-\frac{f(x_k)}{f'(x_k)}<x_k.$$

由 Taylor 公式

$$\begin{aligned}0=f(x^*)&=f(x_k)+f'(x_k)(x^*-x_k)+\frac{1}{2}f''(\xi)(x^*-x_k)^2\\&>f(x_k)+f'(x_k)(x^*-x_k),\end{aligned}$$

从而

$$x_k-\frac{f(x_k)}{f'(x_k)}>x^*,$$

即

$$x_{k+1} > x^*.$$

因此 Newton 迭代公式产生的迭代数列$\{x_k\}$是单调递减有下界的数列，故必有极限. 设$\lim\limits_{k\to\infty}x_k=\bar{x}$. 在迭代公式$x_{k+1}=x_k-\dfrac{f(x_k)}{f'(x_k)}$两边取$k\to\infty$，根据函数$f(x)$及其导数的连续性，得$f(\bar{x})=0$，再由根的唯一性，可知$\bar{x}=x^*$，即$\lim\limits_{k\to\infty}x_k=x^*$.

定理 2.3.2 实际上对初始点还是有要求的，下面再给出一个全局收敛的定理.

定理 2.3.3 设函数$f(x)$在$[a,b]$上二阶可导，并满足下列条件：

(1) $f(a)f(b)<0$；

(2) $f'(x)\neq 0, f''(x)$不变号；

(3) $\max\{|f(a)/f'(a)|,|f(b)/f'(b)|\}<b-a$.

则$\forall x_0\in[a,b]$，Newton 迭代公式(3.3.1)产生的数列$\{x_k\}$收敛于方程$f(x)=0$在$[a,b]$上的唯一实根x^*.

(证明略，可参看文献[5])

例 2.4 用 Newton 迭代法求方程$x^3-2x-2=0$在$[1,2]$内的近似根，要求

$$|x_{k+1}-x_k|\leqslant \frac{1}{2}\times 10^{-2}.$$

解 设$f(x)=x^3-2x-2$，则

$$f(1)=-3<0, f(2)=2>0,$$

$$f'(x)=3x^2-2\neq 0, f''(x)=6x>0, x\in[1,2].$$

Newton 迭代公式为 $$x_{k+1}=x_k-\frac{x_k^3-2x_k-2}{3x_k^2-2}\quad (k=0,1,2,\cdots).$$

由定理 2.3.2，取$x_0=2$，则 Newton 迭代法收敛，其计算结果为：

k	0	1	2	3
x_k	2	1.8	1.769 9	1.769 3

因为$|x_3-x_2|=0.000\,6<\frac{1}{2}\times 10^{-2}$，所以方程的根$x^*\approx x_3=1.769\,3$.

例 2.5 用 Newton 迭代法求方程$xe^x-1=0$在$[0,1]$内的近似根，要求

$$|x_{k+1}-x_k|\leqslant 10^{-6}.$$

解 设$f(x)=xe^x-1$，则$f(x)$在$[0,1]$上满足定理 2.3.3 的所有条件，因此$\forall x_0\in[0,1]$，Newton 迭代法收敛.

Newton 迭代公式为 $$x_{k+1}=x_k-\frac{x_k e^{x_k}-1}{(1+x^k)e^{x_k}}=x_k-\frac{x_k-e^{-x_k}}{1+x_k}\quad (k=1,2,\cdots).$$

取初始值$x_0=0.5$，其计算结果为：

k	0	1	2	3	4
x_k	0.5	0.571 020 4	0.567 155 6	0.567 143 3	0.567 143 2

因为$|x_4-x_3|=0.000\,000\,1<10^{-6}$，所以方程 $xe^x-1=0$ 的近似根为 $x_4=0.567\,143\,2$.

例 2.6 用 Newton 迭代法计算$\sqrt{5}$的近似值，允许误差为10^{-6}.

解 易知$\sqrt{5}$是 $f(x)=x^2-5=0$ 的一个正根，从而其 Newton 迭代公式为

$$x_{k+1}=x_k-\frac{x_k^2-5}{2x_k}=\frac{1}{2}\left(x_k+\frac{5}{x_k}\right)\quad(k=1,2,\cdots).$$

分别取初始值 $x_0=1,20,100$，其计算结果见下表：

k	$x_0=1$	$x_0=20$	$x_0=100$
0	1.000 000 00	20.000 000 00	100.000 000 00
1	3.000 000 00	10.125 000 00	50.025 000 00
2	2.333 333 33	5.309 413 58	25.062 475 01
3	2.238 095 24	3.125 568 58	12.630 988 23
4	2.236 068 90	2.362 638 76	6.513 420 04
5	2.236 067 98	2.239 458 29	3.640 532 95
6		2.236 070 54	2.506 979 12
7		2.236 067 98	2.250 705 68
8		2.236 067 98	2.236 115 58
9			2.236 067 98
10			2.236 067 98

故$\sqrt{5}\approx 2.236\,067\,98$.

§2.4 Newton 迭代法变形

Newton 迭代是最为著名的方程求根的数值方法，它的优点是收敛速度快，缺点是每步迭代要计算 $f(x_k)$和 $f'(x_k)$，计算量大且有时 $f'(x_k)$的计算较困难. 为克服该缺点，以 Newton 迭代法为基础，产生出很多有效的算法，例如弦截法、简化 Newton 算法和 Newton 下山法等.

本节主要介绍弦截法、简化 Newton 算法、Newton 下山法和重根情形的迭代法.

2.4.1 快速弦截法

Newton 迭代公式(2.3.1)要计算导数值 $f'(x_k)$，当导函数 $f'(x)$较复杂或者在某些点不可导时，计算 $f'(x_k)$往往是困难的. 为了克服 Newton 迭代法的这个缺点，常用差商来近似导数，取

$$f'(x_k)\approx\frac{f(x_k)-f(x_{k-1})}{x_k-x_{k-1}}$$

代入 Newton 迭代公式(2.3.1)，便得到如下的**快速弦截法**(或称为**割线法**)：

$$x_{k+1}=x_k-\frac{f(x_k)(x_k-x_{k-1})}{f(x_k)-f(x_{k-1})}\quad(k=1,2,\cdots).\tag{2.4.1}$$

这种迭代公式需要有两个初值 x_0,x_1 才能开始计算，且每向前走一步，需要用到前面两步的结果，因此该方法称之为**两步法**. 可以证明割线法收敛阶为 $p=\frac{1+\sqrt{5}}{2}\approx1.618$，其收敛速度较快.

割线法的几何意义就是用过曲线 $y=f(x)$ 上两点 $(x_{k-1},f(x_{k-1}))$ 和 $(x_k,f(x_k))$ 的直线与 x 轴的交点来近似曲线 $y=f(x)$ 与 x 轴的交点.

2.4.2 简化 Newton 法

在 Newton 迭代法的每一步都取 $f'(x_k)$ 为某一非零常数 C，则得迭代公式

$$x_{k+1}=x_k-Cf(x_k)\quad(k=1,2,\cdots).\tag{2.4.2}$$

其迭代函数为 $\varphi(x)=x-Cf(x)$. 若 $|\varphi'(x)|=|1-Cf'(x)|<1$，即取常数 C，使不等式 $0<Cf'(x)<2$ 在根 x^* 邻近成立，则迭代公式(2.4.2)局部收敛.

例如，取 $C=\frac{1}{f'(x_0)}$，则得到**简化 Newton 法**：

$$x_{k+1}=x_k-\frac{f(x_k)}{f'(x_0)}\quad(k=1,2,\cdots).\tag{2.4.3}$$

这类方法计算量少，但只有线性收敛.

例 2.7　用简化 Newton 法计算 $x-e^{-x}=0$ 在 0.5 附近的根，允许误差为 $\frac{1}{2}\times10^{-4}$.

解　依题意，$f(x)=x-e^{-x}$，取 $x_0=0.5$. $f'(x_0)=f'(0.5)=1+e^{-0.5}\approx1.6$，代入公式(2.4.3)得迭代公式

$$x_{k+1}=\frac{e^{-x_k}+0.6x_k}{1.6}\quad(k=0,1,2,\cdots).$$

计算得

k	0	1	2	3
x_k	0.5	0.566 58	0.567 12	0.567 14

因为 $|x_3-x_2|=0.000\,02<\frac{1}{2}\times10^{-4}$，所以 $x^*\approx x_3=0.567\,14$.

2.4.3 Newton 下山法

Newton 迭代法的收敛性依赖于初始点 x_0 的选取，如果 x_0 偏离所求根 x^* 较远，则 Newton 迭代法可能发散. 例如，用 Newton 法求解方程 $x^3-x-1=0$ 在 $x=1.5$ 附近的一个根 x^*. 选取迭代初始点 $x_0=1.5$，用 Newton 迭代公式

$$x_{k+1}=x_k-\frac{x_k^3-x_k-1}{3x_k^2-1}\quad (k=0,1,2,\cdots)$$

计算得 $x_1=1.347\ 83$，$x_2=1.325\ 20$，$x_3=1.324\ 72$. 迭代 3 次得到的结果 x_3 有 6 位有效数字. 但如果取初始点 $x_0=0.6$，则用 Newton 迭代公式迭代一次得 $x_1=17.9$，这个结果反而比$x_0=0.6$ 更偏离了所求的根 $x^*=1.324\ 72$.

为扩大 Newton 迭代法初始点的选取范围，可以采用 Newton 下山法：

$$x_{k+1}=x_k-\lambda\frac{f(x_k)}{f'(x_k)}\quad (k=0,1,2,\cdots).\tag{2.4.4}$$

其中，λ 称为下山因子. Newton 下山法通过适当地选取下山因子使单调性条件

$$|f(x_{k+1})|<|f(x_k)|\tag{2.4.5}$$

成立，以保证迭代法收敛. 通常，依次从 $1,\frac{1}{2},\frac{1}{2^2},\frac{1}{2^3},\cdots$中挑选下山因子，直至找到一个使单调性条件(2.4.5)成立的下山因子. 如果 λ 已经非常小，但仍无法使(2.4.5)成立，则应考虑重新选取初值 x_0 进行计算.

例 2.8 用 Newton 下山法计算 $x^3-x-1=0$ 在 $x=1.5$ 附近的一个根.

解 取初值 $x_0=0.6$，用 Newton 下山法

$$x_{k+1}=x_k-\lambda\frac{x_k^3-x_k-1}{3x_k^2-1}\quad (k=0,1,2,\cdots).$$

计算.

计算 x_1 时，通过 λ 依次取 $1,\frac{1}{2},\frac{1}{2^2},\frac{1}{2^3},\cdots$试算. 当 $\lambda=\frac{1}{32}$时可求得 $x_1=1.146\ 25$. 此时，$f(x_1)=-0.656\ 643$，$f(x_0)=-1.348$，单调性条件(2.4.5)满足. 计算 $x_2,x_3,\cdots$时，取$\lambda=1$均能使单调性条件(2.4.5)成立，计算结果如下

$$x_2=1.366\ 814,\ f(x_2)=0.186\ 6,$$

$$x_3=1.326\ 280,\ f(x_3)=0.006\ 67,$$

$$x_4=1.324\ 720,\ f(x_4)=0.000\ 008\ 6,$$

x_4 即为 x^* 的近似值.

2.4.4 重根情形

设 $f(x)=(x-x^*)^m g(x)$，整数 $m\geqslant 2$，$g(x^*)\neq 0$，则 x^* 为方程 $f(x)=0$ 的 m 重实根. 此时，$f(x^*)=f'(x^*)=\cdots=f^{(m-1)}(x^*)=0$，$f^{(m)}(x^*)\neq 0$. 只要 $f'(x_k)\neq 0$ 仍可用 Newton 迭代法计算，此时迭代函数 $\varphi(x)=x-\frac{f(x)}{f'(x)}$，则 $\varphi'(x^*)=1-\frac{1}{m}$，且 $0<\varphi'(x^*)<1$. 因此 Newton 法求得的根只是线性收敛.

若取 $\varphi(x)=x-\frac{mf(x)}{f'(x)}$，则 $\varphi'(x^*)=0$. 用迭代公式

$$x_{k+1}=x_k-m\frac{f(x_k)}{f'(x_k)}\quad (k=0,1,2,\cdots)\tag{2.4.6}$$

求方程 $f(x)=0$ 的 m 重根，则该迭代公式二阶收敛，但要知道 x^* 的重数 m.

例 2.9 $\sqrt{2}$是方程 $x^4-4x^2+4=0$ 的二重根，用迭代公式(2.4.6)和 Newton 迭代法求其近似值(取 $x_0=1.5$).

解 (1) 用迭代公式(2.4.6)：

$$x_{k+1}=x_k-2\frac{x_k^2-2}{4x_k}=\frac{x_k}{2}+\frac{1}{x_k}\quad (k=0,1,2,\cdots)$$

计算得

$$x_1=1.416\,666\,667, x_2=1.414\,215\,686, x_3=1.414\,213\,549,$$

此处的 x_3 具有 10 位有效数字.

(2) 用 Newton 迭代法：

$$x_{k+1}=x_k-\frac{x_k^2-2}{4x_k}=\frac{1}{4}\left(3x_k+\frac{2}{x_k}\right)\quad (k=0,1,2,\cdots)$$

计算得

$$x_1=1.458\,333\,333, x_2=1.436\,607\,143,\ x_3=1.425\,497\,619,\cdots$$

要达到 10 位有效数字需要迭代 30 次.

§ 2.5 非线性方程组的数值解法

非线性方程组的数值解法有很多，经典的方法有 Newton 迭代法、拟 Newton 法和延拓法(同伦算法). 除此之外，还有搜索所有解的长方体算法和郭涛算法(遗传算法)，可参考文献[2]等. 本书主要介绍 Newton 迭代法.

考虑非线性方程组

$$\begin{cases} f_1(x_1,x_2,\cdots,x_n)=0,\\ \qquad\vdots \\ f_n(x_1,x_2,\cdots,x_n)=0, \end{cases}\tag{2.5.1}$$

其中，$f_1,\cdots,f_n$ 均为 $x_1,\cdots,x_n$ 的多元函数($n\geqslant 2$)，且 $f_i(i=1,\cdots,n)$中至少有一个是自变量 $x_i(i=1,\cdots,n)$的非线性函数. 用向量记号 $\boldsymbol{X}=(x_1,\cdots,x_n)^{\mathrm{T}}$，$\boldsymbol{F}=(f_1,\cdots,f_n)^{\mathrm{T}}$，非线性方程组(2.5.1)就可以写成

$$\boldsymbol{F}(\boldsymbol{X})=\boldsymbol{0}.\tag{2.5.2}$$

将函数 $\boldsymbol{F}(\boldsymbol{X})$的分量 $f_i(x_1,x_2,\cdots,x_n)(i=1,\cdots,n)$在 $\boldsymbol{x}^{(k)}=(\boldsymbol{x}_1^{(k)},\cdots,\boldsymbol{x}_n^{(k)})$用多元函数的 Taylor 公式展开，并取线性部分，则可以表示为

$$\boldsymbol{F}(\boldsymbol{X})\approx \boldsymbol{F}(\boldsymbol{X}^{(k)})+\boldsymbol{F}'(\boldsymbol{X}^{(k)})(\boldsymbol{X}-\boldsymbol{X}^{(k)}),$$

其中，

$$F'(X^{(k)}) = \begin{pmatrix} \frac{\partial f_1}{\partial x_1} & \frac{\partial f_1}{\partial x_2} & \cdots & \frac{\partial f_1}{\partial x_n} \\ \frac{\partial f_2}{\partial x_1} & \frac{\partial f_2}{\partial x_2} & \cdots & \frac{\partial f_2}{\partial x_n} \\ \vdots & \vdots & & \vdots \\ \frac{\partial f_n}{\partial x_1} & \frac{\partial f_n}{\partial x_2} & \cdots & \frac{\partial f_n}{\partial x_n} \end{pmatrix}.$$

为向量函数 $\boldsymbol{F}(\boldsymbol{X})$的 Jacobi 矩阵(导数矩阵).

令上式右端为零,得到线性方程组

$$-\boldsymbol{F}(\boldsymbol{X}^{(k)}) = \boldsymbol{F}'(\boldsymbol{X}^{(k)})(\boldsymbol{X}-\boldsymbol{X}^{(k)}),$$

从而

$$\boldsymbol{X} = \boldsymbol{X}^{(k)} - [F'(\boldsymbol{X}^{(k)})]^{-1}\boldsymbol{F}(\boldsymbol{X}^{(k)}),$$

进而得到求非线性方程组(2.5.1)的 Newton 迭代公式

$$\boldsymbol{X}^{(k+1)} = \boldsymbol{X}^{(k)} - [\boldsymbol{F}'(\boldsymbol{X}^{(k)})]^{-1}\boldsymbol{F}(\boldsymbol{X}^{(k)}) \quad (k=1,2,\cdots). \tag{2.5.3}$$

例 2.10 用 Newton 迭代法求解方程组

$$\begin{cases} x_1+2x_2-3=0, \\ 2x_1^2+2x_2^2-5=0, \end{cases}$$

取初值 $\boldsymbol{x}^{(0)}=(1.5,1.0)^{\mathrm{T}}$.

解 设 $f_1(x_1,x_2)=x_1+2x_2-3, f_2(x_1,x_2)=2x_1^2+2x_2^2-5$.

先求 Jacobi 矩阵 $\boldsymbol{F}'(\boldsymbol{X})=\begin{pmatrix} 1 & 2 \\ 4x_1 & 4x_2 \end{pmatrix}$,从而

$$[\boldsymbol{F}'(\boldsymbol{X})]^{-1} = \frac{1}{4x_2-8x_1}\begin{pmatrix} 4x_2 & -2 \\ -4x_1 & 1 \end{pmatrix}.$$

由 Newton 迭代公式(2.5.3)得

$$\begin{cases} x_1^{(k+1)} = x_1^{(k)} - \dfrac{2x_1^{(k)}x_2^{(k)}+2(x_2^{(k)})^2-2(x_1^{(k)})^2-6x_2^{(k)}+5}{2x_2^{(k)}-4x_1^{(k)}}, \\ x_2^{(k+1)} = x_2^{(k)} - \dfrac{2(x_2^{(k)})^2-2(x_1^{(k)})^2-8x_1^{(k)}x_2^{(k)}+12x_1^{(k)}-5}{4x_2^{(k)}-8x_1^{(k)}} \end{cases} \quad (k=1,2,\cdots).$$

由 $\boldsymbol{x}^{(0)}=(1.5,1.0)^{\mathrm{T}}$ 逐次迭代得到:

$$\boldsymbol{x}^{(1)} = (1.488\,034, 0.755\,952)^{\mathrm{T}},$$

$$\boldsymbol{x}^{(2)} = (1.488\,034, 0.755\,983)^{\mathrm{T}}.$$

习 题 2

1. 证明：对任何的初值点 x_0，迭代公式 $x_{k+1}=\cos x_k$ 产生的序列 $\{x_k\}$ 都收敛于方程 $x=\cos(x)$ 的根.

2. 将方程 $x-\frac{1}{2}-\sin x=0$ 化为等价形式 $x=\frac{1}{2}+\sin x=\varphi(x)$. 取 $x_0=1$，用迭代公式 $x_{k+1}=\varphi(x_k)$ 求方程的近似根，误差不超过 $\varepsilon=10^{-4}$.

3. 欲求方程 $x-\ln x-3=0$ 在区间[3, 5]上的根，可构造如下两种迭代法：

$$x_{k+1}=3+\ln x_k,\ x_{k+1}=e^{x_k-3},$$

取初始点 $x_0=3$，试分析这两种迭代法的收敛性，其中收敛的迭代法需要迭代多少步才能使 $|x_k-x^*|<\varepsilon$？

4. 用 Newton 迭代法求方程 $x^3-2x^2-4x-7=0$ 在[3,4]内的根的近似值，精确到小数点后两位.

5. 试写出 $\sqrt{90}$ 的二阶迭代计算公式，并由此求其一次近似值 x_1（取 $x_0=10$）.

6. 应用 Newton 迭代法于方程 $x^4-a=0(a>0)$，试导出求 $\sqrt[4]{a}$ 的迭代公式，并讨论其收敛性.

7. 分别用弦截法与 Newton 迭代法求方程 $x^5-x-0.2=0$ 在[1.1,1]内的根.

8. 分别用下列方法求解方程 $x^2+2xe^x+e^{2x}=0$，取初始值 $x_0=0$，迭代至 4 位有效数字：

(1) Newton 迭代法；

(2) 有重根的 Newton 迭代法；

(3) Newton 下山法.

9. 给定函数 $f(x)$，设 $\forall x$，$f'(x)$ 存在且满足 $0<m\leqslant f'(x)\leqslant M$. 证明：对于范围 $0<\lambda<\frac{2}{M}$ 内的任意实数 λ，迭代公式 $x_{k+1}=x_k-\lambda f(x_k)$ 均收敛于方程 $f(x)=0$ 的根 x^*.

10. 取 $\boldsymbol{x}^{(0)}=(1.6,1.2)^{\mathrm{T}}$，用 Newton 迭代法解方程组

$$\begin{cases}x^2+y^2=4,\\x^2-y^2=1.\end{cases}$$

第 3 章 线性方程组的数值解法

许多实际问题的数学模型最终需归结为求解一个线性方程组. 例如,石油工业的油气资源勘探、航空工业中飞机导弹的设计、天气预报和核武器的设计等,都需要求解线性方程组. 这些方程组,大多数规模很大,未知元高达$10^6 \sim 10^{10}$,而且有的方程组对求解时间也有严格限制,例如数值天气预报,为赶上每天发布预报的需要,只有短短几个小时的计算时间. 如何快速有效地求解线性方程组是科学与工程计算的核心问题之一.

考虑如下线性方程组

$$\boldsymbol{A}\boldsymbol{x} = \boldsymbol{b},$$

其中,$\boldsymbol{A}$ 为 n 阶实矩阵,$\boldsymbol{b}$ 为 n 维非零列向量,$\boldsymbol{x}$ 为未知向量. 由 Cramer 法则知,当系数矩阵 $\boldsymbol{A}$ 的行列式 $D=\det \boldsymbol{A}\neq 0$ 时,方程组存在唯一解 $x_j=\dfrac{D_j}{D}(j=1,2,\cdots,n)$,其中,$D_j$ 是用方程组右端的常向量 $\boldsymbol{b}$ 取代系数行列式 D 中的第 j 列所得的 n 阶行列式. 但是,当方程组的阶数 n 很大时,Cramer 法则的运算量巨大,不便使用. 因此有必要研究线性方程组的数值解法.

本章主要介绍线性方程组的迭代解法和直接解法. 迭代法是采用逐次逼近的方法,即从一个初始近似解出发,按某种迭代格式,逐步向前推进,使其近似解逐步地接近精确解,直到满足精确度要求为止;直接法是指在没有舍入误差的情况下经过有限次运算可求得方程组精确解的方法. 对于系数矩阵 $\boldsymbol{A}$ 为大型稀疏矩阵的线性方程组,一般采用迭代法. 对于系数矩阵 $\boldsymbol{A}$ 为低阶稠密矩阵的线性方程组,一般采用直接法计算.

本章首先给出描述研究迭代法收敛的工具——范数的概念,然后陈述 Jacobi 迭代法、Gauss-Seidel 迭代法等迭代法,再探讨 Gauss 消元法、Gauss 列主元消元法等直接解法.

§3.1 范 数

为了能够研究迭代法的收敛性以及线性方程组的一些性质,需要引入向量范数和矩阵范数的概念.

3.1.1 向量范数

在实数域中,数的大小是通过绝对值来度量的. 在线性空间中,向量的大小是通过范数来度量的.

定义 3.1.1　设向量 $\boldsymbol{x}=(x_1,x_2,\cdots,x_n)^{\mathrm{T}}\in\mathbf{R}^n$，$\|\boldsymbol{x}\|$ 是定义在 $\mathbf{R}^n$ 上的一个单值实函数,如果 $\|\boldsymbol{x}\|$ 满足下列条件：

(1) 正性：$\forall\boldsymbol{x}\in\mathbf{R}^n$，$\|\boldsymbol{x}\|\geqslant 0$，当且仅当 $\boldsymbol{x}=\mathbf{0}$ 时 $\|\boldsymbol{x}\|=0$；

(2) 齐性：$\forall k\in\mathbf{R}$，$\|k\boldsymbol{x}\|=|k|\cdot\|\boldsymbol{x}\|$；

(3) 三角不等式：$\forall x,y\in\mathbf{R}^n$，$\|\boldsymbol{x}+\boldsymbol{y}\|\leqslant\|\boldsymbol{x}\|+\|\boldsymbol{y}\|$.

则称 $\|\boldsymbol{x}\|$ 为 $\mathbf{R}^n$ 上的一种**向量范数**(长度).

定义 3.1.1 中的三个条件称为范数的三个公理.

$\mathbf{R}^n$ 中常用的向量范数有：

(1) $\|\boldsymbol{x}\|_1=\sum\limits_{i=1}^{n}|\boldsymbol{x}_i|$，称为向量 $\boldsymbol{x}$ 的 1 -范数；

(2) $\|\boldsymbol{x}\|_2=(\sum\limits_{i=1}^{n}|\boldsymbol{x}_i|^2)^{\frac{1}{2}}$，称为向量 $\boldsymbol{x}$ 的 2 -范数；

(3) $\|\boldsymbol{x}\|_\infty=\max\limits_{1\leqslant i\leqslant n}|\boldsymbol{x}_i|$,称为向量 $\boldsymbol{x}$ 的 ∞-范数.

例如,向量 $\boldsymbol{x}=(3,0,-1)^{\mathrm{T}}\in\mathbf{R}^3$，则

$$\|\boldsymbol{x}\|_1=4,\ \|\boldsymbol{x}\|_2=\sqrt{10},\ \|\boldsymbol{x}\|_\infty=3.$$

定义 3.1.2　对 $\mathbf{R}^n$ 中任意两种范数 $\|\boldsymbol{x}\|_\alpha$ 和 $\|\boldsymbol{x}\|_\beta$，如果存在两个正常数 $C_1,C_2\in\mathbf{R}$，使得 $C_1\|\boldsymbol{x}\|_\alpha\leqslant\|\boldsymbol{x}\|_\beta\leqslant C_2\|\boldsymbol{x}\|_\alpha$，则称这两种向量范数是**等价**的.

定理 3.1.1(范数等价定理)　n 维向量空间 $\mathbf{R}^n$ 中的一切向量范数都是等价的.

特别，$\mathbf{R}^n$ 中常用的 1 -范数、2 -范数和 ∞-范数有如下等价关系：

$$\|\boldsymbol{x}\|_2\leqslant\|\boldsymbol{x}\|_1\leqslant\sqrt{n}\,\|\boldsymbol{x}\|_2,$$

$$\|\boldsymbol{x}\|_\infty\leqslant\|\boldsymbol{x}\|_1\leqslant n\|\boldsymbol{x}\|_\infty,$$

$$\|\boldsymbol{x}\|_\infty\leqslant\|\boldsymbol{x}\|_2\leqslant\sqrt{n}\,\|\boldsymbol{x}\|_\infty.$$

由于向量范数之间具有等价性,因此,研究某一个与向量有关的问题时,只需要选择一种范数进行讨论得到相应的结论,则其余范数也都具有同样的结论.

3.1.2　矩阵范数

定义 3.1.3　设 $\mathbf{R}^{n\times n}$ 表示全体 n 阶实矩阵构成的线性空间，$\forall\boldsymbol{A}\in\mathbf{R}^{n\times n}$，$\|\boldsymbol{A}\|$ 是定义在 $\mathbf{R}^{n\times n}$ 上的一个单值实函数,若 $\|\boldsymbol{A}\|$ 满足下列条件：

(1) 正性：$\forall\boldsymbol{A}\in\mathbf{R}^{n\times n}$，$\|\boldsymbol{A}\|\geqslant 0$，当且仅当 $\boldsymbol{A}=\boldsymbol{O}$ 时，$\|\boldsymbol{A}\|=0$；

(2) 齐性：$\forall k\in\mathbf{R}$，$\|k\boldsymbol{A}\|=|k|\cdot\|\boldsymbol{A}\|$；

(3) 三角不等式：$\forall\boldsymbol{A},\boldsymbol{B}\in\mathbf{R}^{n\times n}$，$\|\boldsymbol{A}+\boldsymbol{B}\|\leqslant\|\boldsymbol{A}\|+\|\boldsymbol{B}\|$；

(4) 与向量范数的相容性：$\forall\boldsymbol{x}\in\mathbf{R}^n$，$\|\boldsymbol{A}\boldsymbol{x}\|\leqslant\|\boldsymbol{A}\|\cdot\|\boldsymbol{x}\|$；

(5) 相容性：$\forall\boldsymbol{A},\boldsymbol{B}\in\mathbf{R}^{n\times n}$，$\|\boldsymbol{A}\boldsymbol{B}\|\leqslant\|\boldsymbol{A}\|\cdot\|\boldsymbol{B}\|$.

则称 $\|\boldsymbol{A}\|$ 为 $\mathbf{R}^{n\times n}$ 上的一种**与向量范数相容的矩阵范数**.

如何定义矩阵的范数,使之满足上述五个条件?

由于 n 阶矩阵 $\boldsymbol{A}$ 可以看成是 $\mathbf{R}^n$ 中的一个线性变换，它把 $\mathbf{R}^n$ 中的非零向量 $\boldsymbol{x}$ 映射成向量 $\boldsymbol{Ax}$，变换前后向量长度之比 $\dfrac{\|\boldsymbol{Ax}\|}{\|\boldsymbol{x}\|}$ 表示 $\boldsymbol{Ax}$ 沿 $\boldsymbol{x}$ 方向上的伸长率，故可定义一切方向伸长率的最大值为 $\boldsymbol{A}$ 的范数，即

定义 3.1.4 设 $\boldsymbol{A}\in\mathbf{R}^{n\times n}$，$\boldsymbol{x}\in\mathbf{R}^n$，$\|\boldsymbol{x}\|$ 为 $\mathbf{R}^n$ 上的任一种向量范数，定义

$$\|\boldsymbol{A}\| = \max_{x\neq 0}\frac{\|\boldsymbol{Ax}\|}{\|\boldsymbol{x}\|} = \max_{\|\boldsymbol{x}\|=1}\|\boldsymbol{Ax}\|,$$

称为**由向量范数导出的矩阵范数**，也称为**算子范数**.

显然，单位阵 $\boldsymbol{E}$ 的算子范数 $\|\boldsymbol{E}\|=1$.

算子范数满足定义 3.1.3 的五个条件，正性与齐性是显然的，现证明算子范数满足其他三个条件. $\forall \boldsymbol{A},\boldsymbol{B}\in\mathbf{R}^{n\times n}$，有：

条件(3) 三角不等式：

$$\begin{aligned}\|\boldsymbol{A}+\boldsymbol{B}\| &= \max_{\|\boldsymbol{x}\|=1}\|(\boldsymbol{A}+\boldsymbol{B})\boldsymbol{x}\| \leqslant \max_{\|\boldsymbol{x}\|=1}(\|\boldsymbol{Ax}\|+\|\boldsymbol{Bx}\|)\\ &\leqslant \max_{\|\boldsymbol{x}\|=1}\|\boldsymbol{Ax}\| + \max_{\|\boldsymbol{x}\|=1}\|\boldsymbol{Bx}\| = \|\boldsymbol{A}\|+\|\boldsymbol{B}\|;\end{aligned}$$

条件(4) 与向量范数的相容性：

$\forall \boldsymbol{x}\neq\boldsymbol{0}$，令 $y=\dfrac{1}{\|\boldsymbol{x}\|}\boldsymbol{x}$，则

$$\|\boldsymbol{y}\| = 1,\boldsymbol{x} = \|\boldsymbol{x}\|\cdot\boldsymbol{y};$$

$$\begin{aligned}\|\boldsymbol{Ax}\| &= \|\boldsymbol{A}(\|\boldsymbol{x}\|\cdot\boldsymbol{y})\| = \|\boldsymbol{x}\|\cdot\|\boldsymbol{Ay}\|\\ &\leqslant \|\boldsymbol{x}\|\cdot\max_{\|\boldsymbol{z}\|=1}\|\boldsymbol{Az}\| = \|\boldsymbol{x}\|\cdot\|\boldsymbol{A}\|;\end{aligned}$$

条件(5) 相容性：

$$\begin{aligned}\|\boldsymbol{AB}\| &= \max_{x\neq 0}\frac{\|\boldsymbol{ABx}\|}{\|\boldsymbol{x}\|} \leqslant \max_{x\neq 0}\frac{\|\boldsymbol{A}\|\cdot\|\boldsymbol{Bx}\|}{\|\boldsymbol{x}\|}\\ &\leqslant \max_{x\neq 0}\frac{\|\boldsymbol{A}\|\cdot\|\boldsymbol{B}\|\cdot\|\boldsymbol{x}\|}{\|\boldsymbol{x}\|} = \|\boldsymbol{A}\|\cdot\|\boldsymbol{B}\|.\end{aligned}$$

由 $\mathbf{R}^n$ 中常用的向量的 1-范数、∞-范数和 2-范数导出的矩阵范数也称为矩阵的 1-范数(列和范数)、∞-范数(行和范数)和 2-范数，其具体定义如下：

$$\|\boldsymbol{A}\|_1 = \max_{1\leqslant j\leqslant n}\sum_{i=1}^{n}|a_{ij}|,$$

$$\|\boldsymbol{A}\|_\infty = \max_{1\leqslant i\leqslant n}\sum_{j=1}^{n}|a_{ij}|,$$

$$\|\boldsymbol{A}\|_2 = \sqrt{\lambda_{\max}}.$$

其中，$\boldsymbol{A}=(a_{ij})_{n\times n}$，$\lambda_{\max}$ 是矩阵 $\boldsymbol{A}^{\mathrm{T}}\boldsymbol{A}$ 的最大特征值.

例 3.1 设 $\boldsymbol{A}=\begin{pmatrix}1 & -2\\ -3 & 4\end{pmatrix}$，求 $\|\boldsymbol{A}\|_1$，$\|\boldsymbol{A}\|_2$，$\|\boldsymbol{A}\|_\infty$.

解　$\|\boldsymbol{A}\|_1=\max(4,6)=6$，$\|\boldsymbol{A}\|_\infty=\max(3,7)=7$.

因为
$$\boldsymbol{A}^{\mathrm{T}}\boldsymbol{A}=\begin{pmatrix}10 & -14\\ -14 & 20\end{pmatrix},$$

由
$$|\boldsymbol{A}^{\mathrm{T}}\boldsymbol{A}-\lambda\boldsymbol{E}|=\begin{vmatrix}10-\lambda & -14\\ -14 & 20-\lambda\end{vmatrix}=(10-\lambda)(20-\lambda)-196=0,$$

解得其特征值为$\lambda_1=29.866\,1$，$\lambda_2=0.133\,9$，所以$\|\boldsymbol{A}\|_2=\sqrt{\lambda_1}=5.465\,0$.

3.1.3　向量序列和矩阵序列的极限

线性方程组$\boldsymbol{A}\boldsymbol{x}=\boldsymbol{b}$的迭代解法是从某初始向量出发，用设计好的步骤逐次算出方程组的近似解，从而得到向量序列$\boldsymbol{x}^{(0)},\boldsymbol{x}^{(1)},\boldsymbol{x}^{(2)},\cdots$，如果该向量序列有极限，则可以分析它是否为方程组的解. 因此要先介绍向量序列与矩阵序列的极限的有关概念.

定义 3.1.5　设$\{\boldsymbol{x}^{(k)}\}$是$\mathbf{R}^n$中的向量序列，$\boldsymbol{x}^{(k)}=(x_1^{(k)},x_2^{(k)},\cdots,x_n^{(k)})^{\mathrm{T}}$　$(k=1,2,\cdots)$，$\boldsymbol{x}^*=(x_1^*,x_2^*,\cdots,x_n^*)^{\mathrm{T}}\in\mathbf{R}^n$，若$\lim\limits_{k\to\infty}\boldsymbol{x}_i^{(k)}=\boldsymbol{x}_i^*\,(i=1,2,\cdots,n)$，则称向量序列$\boldsymbol{x}^{(k)}$**收敛**于向量$\boldsymbol{x}^*$，记为$\lim\limits_{k\to\infty}\boldsymbol{x}^{(k)}=\boldsymbol{x}^*$.

由于向量也是一种特殊的矩阵，故有

定义 3.1.6　设$\{\boldsymbol{A}^{(k)}\}$是$\mathbf{R}^{n\times n}$中的矩阵序列，$\boldsymbol{A}^{(k)}=(a_{ij}^{(k)})_{n\times n}$　$(k=1,2,\cdots)$，$\mathbf{A}=(a_{ij})_{n\times n}\in\mathbf{R}^{n\times n}$，若$\lim\limits_{k\to\infty}a_{ij}^{(k)}=a_{ij}\,(i,j=1,2,\cdots,n)$，则称矩阵序列$\boldsymbol{A}^{(k)}$**收敛**于矩阵$\mathbf{A}$，记为$\lim\limits_{k\to\infty}\boldsymbol{A}^{(k)}=\mathbf{A}$.

例 3.2　证明：$\lim\limits_{k\to\infty}\boldsymbol{x}^{(k)}=\boldsymbol{x}^*\Leftrightarrow\lim\limits_{k\to\infty}\|\boldsymbol{x}^{(k)}-\boldsymbol{x}^*\|=0$.

由范数的等价性，只需要选择一种具体范数证明结论成立，则对其他范数结论也成立. 为使证明简化，取∞-范数来证.

证明　"⇒"　已知$\lim\limits_{k\to\infty}\boldsymbol{x}^{(k)}=\boldsymbol{x}^*$，由向量序列收敛的定义，有
$$\lim_{k\to\infty}\boldsymbol{x}_i^{(k)}=\boldsymbol{x}_i^*\ (i=1,2,\cdots,n),$$
因此
$$\lim_{k\to\infty}\max_{1\leqslant i\leqslant n}(|\boldsymbol{x}_i^{(k)}-\boldsymbol{x}_i^*|)=0,$$
即
$$\lim_{k\to\infty}\|\boldsymbol{x}^{(k)}-\boldsymbol{x}^*\|_\infty=0.$$

"⇐"　已知$\lim\limits_{k\to\infty}\|\boldsymbol{x}^{(k)}-\boldsymbol{x}^*\|_\infty=0$，由$\infty$-范数的定义，有
$$\lim_{k\to\infty}\max_{1\leqslant i\leqslant n}(|x_i^{(k)}-x_i^*|)=0.$$
因此
$$\lim_{k\to\infty}x_i^{(k)}=x_i^*\quad(i=1,2,\cdots,n),$$
由向量序列极限的定义，有
$$\lim_{k\to\infty}\boldsymbol{x}^{(k)}=\boldsymbol{x}^*.$$

§3.2 线性方程组的迭代解法

线性方程组的迭代解法的基本思想是构造一个向量序列$\{\boldsymbol{x}^{(k)}\}$，使其收敛于方程组$\boldsymbol{Ax}=\boldsymbol{b}$的解$\boldsymbol{x}^*$.

将n元非齐次线性方程组$\boldsymbol{Ax}=\boldsymbol{b}$作恒等变形，得等价方程组

$$\boldsymbol{x}=\boldsymbol{Bx}+\boldsymbol{g}.$$

任取初始向量$\boldsymbol{x}^{(0)}$，建立迭代公式

$$\boldsymbol{x}^{(k+1)}=\boldsymbol{Bx}^{(k)}+\boldsymbol{g}\quad(k=0,1,2,\cdots),$$

得到迭代序列$\{\boldsymbol{x}^{(k)}\}$，若$\lim\limits_{k\to\infty}\boldsymbol{x}^{(k)}=\boldsymbol{x}^*$，则$\boldsymbol{x}^*=\boldsymbol{Bx}^*+\boldsymbol{g}$，即$\boldsymbol{x}^*$是方程组$\boldsymbol{x}=\boldsymbol{Bx}+\boldsymbol{g}$的解，也就是原方程组$\boldsymbol{Ax}=\boldsymbol{b}$的解. 这时称迭代公式$\boldsymbol{x}^{(k+1)}=\boldsymbol{Bx}^{(k)}+\boldsymbol{g}$收敛，否则称为发散. 矩阵$\boldsymbol{B}$称为迭代矩阵. 由不同的迭代矩阵就得到不同的迭代公式.

3.2.1 Jacobi 迭代法

首先以一个简单的例子介绍 Jacobi 迭代法. 考虑线性方程组

$$\begin{cases}10x_1-x_2-2x_3=7.2,\\-x_1+10x_2-2x_3=8.3,\\-x_1-x_2+5x_3=4.2,\end{cases}$$

从以上方程组中第一个方程解出x_1，第二个方程解出x_2，第三个方程解出x_3，得到如下等价方程组

$$\begin{cases}x_1=0.1x_2+0.2x_3+0.72,\\x_2=0.1x_1+0.2x_3+0.83,\\x_3=0.2x_1+0.2x_2+0.84.\end{cases}$$

以此为基础构造迭代公式

$$\begin{cases}x_1^{(k+1)}=0.1x_2^{(k)}+0.2x_3^{(k)}+0.72,\\x_2^{(k+1)}=0.1x_1^{(k)}+0.2x_3^{(k)}+0.83,\\x_3^{(k+1)}=0.2x_1^{(k)}+0.2x_2^{(k)}+0.84\end{cases}\quad(k=0,1,2,\cdots),$$

选取初值$\boldsymbol{x}^{(0)}=(0,0,0)^{\mathrm{T}}$进行计算，得

$$\boldsymbol{x}^{(1)}=(0.7200,0.8300,0.8400)^{\mathrm{T}},$$

$$\boldsymbol{x}^{(2)}=(0.9710,1.0700,1.1500)^{\mathrm{T}},$$

$$\vdots$$

$$\boldsymbol{x}^{(11)}=(1.0999,1.1999,1.2999)^{\mathrm{T}},$$

$$\boldsymbol{x}^{(12)}=(1.1000,1.2000,1.3000)^{\mathrm{T}},$$

$$x^{(13)} = (1.1000, 1.2000, 1.3000)^{\mathrm{T}}.$$

从计算结果可以看出，$x^{(12)} = x^{(13)} = (1.1,\ 1.2,\ 1.3)^{\mathrm{T}}$，这个数值便可以作为方程组的近似解，即 $x_1 \approx 1.1, x_2 \approx 1.2, x_3 \approx 1.3$. 事实上，这就是方程组的准确解.

上述方法称为 **Jacobi 迭代法**，简称为 **J** 方法.

对于一般的 n 元线性方程组

$$\begin{cases} a_{11}x_1 + a_{12}x_2 + \cdots + a_{1n}x_n = b_1, \\ a_{21}x_1 + a_{22}x_2 + \cdots + a_{2n}x_n = b_2, \\ \qquad\qquad \vdots \\ a_{n1}x_1 + a_{n2}x_2 + \cdots + a_{nn}x_n = b_n, \end{cases} \tag{3.2.1}$$

当 $a_{ii} \neq 0 (i=1,2,\cdots,n)$ 时，分别从第 i 个方程解出 $x_i (i=1,2,\cdots,n)$，得等价方程组

$$\begin{cases} x_1 = \dfrac{1}{a_{11}}(b_1 - a_{12}x_2 - a_{13}x_3 - \cdots - a_{1n}x_n), \\ x_2 = \dfrac{1}{a_{22}}(b_2 - a_{21}x_1 - a_{23}x_3 - \cdots - a_{2n}x_n), \\ \qquad \vdots \\ x_n = \dfrac{1}{a_{nn}}(b_n - a_{n1}x_1 - a_{n2}x_2 - \cdots - a_{n(n-1)}x_{n-1}), \end{cases} \tag{3.2.2}$$

从而得到 **Jacobi 迭代公式**

$$\begin{cases} x_1^{(k+1)} = \dfrac{1}{a_{11}}(b_1 - a_{12}x_2^{(k)} - a_{13}x_3^{(k)} - \cdots - a_{1n}x_n^{(k)}), \\ x_2^{(k+1)} = \dfrac{1}{a_{22}}(b_2 - a_{21}x_1^{(k)} - a_{23}x_3^{(k)} - \cdots - a_{2n}x_n^{(k)}), \\ \qquad \vdots \\ x_n^{(k+1)} = \dfrac{1}{a_{nn}}(b_n - a_{n1}x_1^{(k)} - a_{n2}x_2^{(k)} - \cdots - a_{n(n-1)}x_{n-1}^{(k)}) \end{cases} \quad (k = 0,1,2,\cdots), \tag{3.2.3}$$

任选取一个初始向量 $x^{(0)} = (x_1^{(0)}, x_2^{(0)}, \cdots, x_n^{(0)})^{\mathrm{T}}$，按照 **Jacobi 迭代公式**(3.2.3)进行计算可得一个向量序列 $\{x^{(k)}\}$，如果该向量序列收敛，且 $\lim\limits_{k\to\infty} x^{(k)} = x^*$，则 x^* 就是方程组(3.2.1)的解. 这时一般取 $x_k \approx x^*$.

Jacobi 迭代公式要求 $a_{ii} \neq 0 (i=1,2,\cdots,n)$，如果有某一个 $a_{ii}=0$，可以适当交换方程的顺序，使得每一个 $a_{ii} \neq 0$.

3.2.2 Gauss-Seidel 迭代法

用 Jacobi 迭代公式(3.2.3)求方程组的近似解，一般是按 $x_1^{(k+1)}, x_2^{(k+1)}, \cdots, x_n^{(k+1)}$ 的顺序计算，当计算 $x_i^{(k+1)}$ 时，前面的 $i-1$ 个分量 $x_1^{(k+1)}, x_2^{(k+1)}, \cdots, x_{i-1}^{(k+1)}$ 已经算出，因此可以对 Jacobi 方法进行修改，在每个分量计算出来之后，下一个分量的计算就利用已算出的最新的近似结果，这样就得到一种新的迭代方法.

仍以线性方程组

$$\begin{cases}10x_1 - x_2 - 2x_3 = 7.2,\\ -x_1 + 10x_2 - 2x_3 = 8.3,\\ -x_1 - x_2 + 5x_3 = 4.2\end{cases}$$

为例. 其等价方程组为

$$\begin{cases}x_1 = 0.1x_2 + 0.2x_3 + 0.72,\\ x_2 = 0.1x_1 + 0.2x_3 + 0.83,\\ x_3 = 0.2x_1 + 0.2x_2 + 0.84,\end{cases}$$

按上述方法得到如下迭代公式

$$\begin{cases}x_1^{(k+1)} = 0.1x_2^{(k)} + 0.2x_3^{(k)} + 0.72,\\ x_2^{(k+1)} = 0.1x_1^{(k+1)} + 0.2x_3^{(k)} + 0.83,\\ x_3^{(k+1)} = 0.2x_1^{(k+1)} + 0.2x_2^{(k+1)} + 0.84\end{cases} \quad (k=0,1,2,\cdots).$$

选取初值 $\boldsymbol{x}^{(0)}=(0,0,0)^{\mathrm{T}}$ 进行计算,得

$$\boldsymbol{x}^{(1)} = (0.7200, 0.9020, 1.1644)^{\mathrm{T}},$$
$$\boldsymbol{x}^{(2)} = (1.0431, 1.1672, 1.2821)^{\mathrm{T}},$$
$$\vdots$$
$$\boldsymbol{x}^{(5)} = (1.0999, 1.1999, 1.3000)^{\mathrm{T}},$$
$$\boldsymbol{x}^{(6)} = (1.1000, 1.2000, 1.3000)^{\mathrm{T}},$$
$$\boldsymbol{x}^{(7)} = (1.1000, 1.2000, 1.3000)^{\mathrm{T}}.$$

故方程组的近似解为 $\boldsymbol{x}^{(7)}$,即 $x_1\approx1.1, x_2\approx1.2, x_3\approx1.3$.

该迭代法只用了 7 次迭代,就得到 Jacobi 迭代法迭代 13 次的结果. 但这并不表明情况总是如此.

上述迭代法称为 **Gauss-Seidel 迭代法**,简称为 GS 方法.

对于一般的 n 元线性方程组

$$\begin{cases}a_{11}x_1 + a_{12}x_2 + \cdots + a_{1n}x_n = b_1,\\ a_{21}x_1 + a_{22}x_2 + \cdots + a_{2n}x_n = b_2,\\ \qquad\vdots\\ a_{n1}x_1 + a_{n2}x_2 + \cdots + an_{2n}x_n = b_n,\end{cases}$$

当 $a_{ii}\neq0$ 时$(i=1,2,\cdots,n)$,得其等价方程组

$$\begin{cases}x_1 = \dfrac{1}{a_{11}}(b_1 - a_{12}x_2 - a_{13}x_3 - \cdots - a_{1n}x_n),\\ x_2 = \dfrac{1}{a_{22}}(b_2 - a_{21}x_1 - a_{23}x_3 - \cdots - a_{2n}x_n),\\ \qquad\vdots\\ x_n = \dfrac{1}{a_{nn}}(b_n - a_{n1}x_1 - a_{n2}x_2 - \cdots - a_{n(n-1)}x_{n-1}),\end{cases}$$

则 **Gauss-Seidel** 迭代公式为

$$\begin{cases} x_1^{(k+1)} = \dfrac{1}{a_{11}}(b_1 - a_{12}x_2^{(k)} - \cdots - a_{1n}x_n^{(k)}), \\ x_2^{(k+1)} = \dfrac{1}{a_{22}}(b_2 - a_{21}x_1^{(k+1)} - a_{23}x_3^{(k)} - \cdots - a_{2n}x_n^{(k)}), \\ \qquad \vdots \\ x_n^{(k+1)} = \dfrac{1}{a_{nn}}(b_n - a_{n1}x_1^{(k+1)} - a_{n2}x_2^{(k+1)} - \cdots - a_{n(n-1)}x_{n-1}^{(k+1)}) \end{cases} \quad (k = 0,1,2,\cdots). \tag{3.2.4}$$

选取一个初始向量 $\boldsymbol{x}^{(0)} = (x_1^{(0)}, x_2^{(0)}, \cdots, x_n^{(0)})^{\mathrm{T}}$，按照 **Gauss-Seidel 迭代公式**(3.2.4)进行计算可得一个向量序列$\{\boldsymbol{x}^{(k)}\}$，如果该向量序列收敛，且 $\lim\limits_{k\to\infty}\boldsymbol{x}^{(k)} = \boldsymbol{x}^*$，则 $\boldsymbol{x}^*$ 就是方程组(3.2.1)的解，这时一般取$\boldsymbol{x}_k \approx \boldsymbol{x}^*$.

和 Jacobi 迭代公式一样，Gauss-Seidel 迭代公式也要求 $a_{ii} \neq 0 (i = 1,2,\cdots,n)$，如果有某一个 $a_{ii} = 0$，可以适当交换方程的顺序，使得每一个 $a_{ii} \neq 0$.

3.2.3　迭代法的矩阵形式

前面介绍了线性方程组的两种基本的迭代解法. 对于前面所给的三元线性方程组，这两种方法都算出了方程组的近似解. 事实上，并不是所有方程组按照迭代公式计算出来的结果都可以作为方程组的近似解，即使是同一个方程组，由于方程组中方程的顺序不同，就有可能得不到所期望的计算结果. 例如，将上述例题的方程组的方程的顺序进行交换得

$$\begin{cases} -x_1 + 10x_2 - 2x_3 = 8.3, \\ -x_1 - x_2 + 5x_3 = 4.2, \\ 10x_1 - x_2 - 2x_3 = 7.2, \end{cases}$$

其对应的 Jacobi 迭代公式为

$$\begin{cases} x_1^{(k+1)} = 10x_2^{(k)} - 2x_3^{(k)} - 8.3, \\ x_2^{(k+1)} = -x_1^{(k)} + 5x_3^{(k)} - 4.2, \\ x_3^{(k+1)} = 5x_1^{(k)} - 0.5x_2^{(k)} - 3.6 \end{cases} \quad (k = 0,1,2,\cdots),$$

仍选取初值 $\boldsymbol{x}^{(0)} = (0,0,0)^{\mathrm{T}}$进行计算，则得

$$\boldsymbol{x}^{(1)} = (-8.300, -4.200, -3.600)^{\mathrm{T}},$$

$$\boldsymbol{x}^{(2)} = (-43.100, -13.900, -43.000)^{\mathrm{T}}.$$

如此算下去，所得的迭代序列$\{\boldsymbol{x}^{(k)}\}$是不收敛的. 因此，该迭代法是发散的.

那么，在什么条件下，构造出来的 Jacobi 或 Gauss-Seidel 迭代公式收敛呢？为研究迭代法的收敛性，需要将迭代法写成矩阵形式.

一、Jacobi 迭代法的矩阵形式

n 元线性方程组(3.2.1)的矩阵形式为

$$\boldsymbol{Ax} = \boldsymbol{b},$$

其等价方程组(3.2.2)的矩阵形式为

$$x = Bx + g.$$

从而 Jacobi 迭代公式的矩阵形式为

$$x^{(k+1)} = Bx^{(k)} + g \quad (k = 0,1,2,\cdots), \tag{3.2.5}$$

其中

$$B = \begin{pmatrix} 0 & -\frac{a_{12}}{a_{11}} & \cdots & -\frac{a_{1n}}{a_{11}} \\ -\frac{a_{21}}{a_{22}} & 0 & \cdots & -\frac{a_{2n}}{a_{22}} \\ \vdots & \vdots & & \vdots \\ -\frac{a_{n1}}{a_{nn}} & -\frac{a_{n2}}{a_{nn}} & \cdots & 0 \end{pmatrix} \quad (a_{ii} \neq 0, i = 1,2,\cdots,n).$$

二、Gauss-Seidel 迭代法的矩阵形式

令 $B=L+U$,其中,

$$L = \begin{pmatrix} 0 & 0 & \cdots & 0 \\ -\frac{a_{21}}{a_{22}} & 0 & \cdots & 0 \\ \vdots & \vdots & & \vdots \\ -\frac{a_{n1}}{a_{nn}} & -\frac{a_{n2}}{a_{nn}} & \cdots & 0 \end{pmatrix}, U = \begin{pmatrix} 0 & -\frac{a_{12}}{a_{11}} & \cdots & -\frac{a_{1n}}{a_{11}} \\ 0 & 0 & \cdots & -\frac{a_{2n}}{a_{22}} \\ \vdots & \vdots & & \vdots \\ 0 & 0 & \cdots & 0 \end{pmatrix},$$

则方程组 $x=Bx+g$ 等价于

$$x = Lx + Ux + g,$$

从而 Gauss-Seidel 迭代法的矩阵形式为

$$x^{(k+1)} = Lx^{(k+1)} + Ux^{(k)} + g \quad (k = 0,1,2,\cdots), \tag{3.2.6}$$

公式(3.2.6)还可变形为 $(E-L)x^{(k+1)}=Ux^{(k)}+g$,因为 $E-L$ 为单位下三角阵,其行列式 $\det(E-L)=1$,故 $E-L$ 可逆. 所以 Gauss-Seidel 迭代公式可写成

$$x^{(k+1)} = (E-L)^{-1}Ux^{(k)} + (E-L)^{-1}g \quad (k = 0,1,2,\cdots). \tag{3.2.7}$$

这与 Jacobi 迭代公式形式一样. 也就是说,无论是 J 方法还是 GS 方法,它们都是将线性方程组 $Ax=b$ 变形为等价方程组 $x=Gx+f$,从而得到迭代公式

$$x^{(k+1)} = Gx^{(k)} + f \quad (k = 0,1,2,\cdots).$$

其中,G 称为迭代矩阵. 不同的迭代法,G 的表示法不同而已.

§3.3　迭代法的收敛性与误差分析

为讨论 Jacobi 迭代法和 Gauss-Seidel 迭代法的收敛性，先介绍 n 阶方阵的如下定义与性质.

定义 3.3.1　设 $\boldsymbol{G}$ 是 n 阶方阵，$\lambda_1,\lambda_2,\cdots,\lambda_n$ 是 $\boldsymbol{G}$ 的特征值，则称

$$\rho(\boldsymbol{G}) = \max_{1\leqslant i\leqslant n} |\lambda_i|$$

为 $\boldsymbol{G}$ 的**谱半径**.

定理 3.3.1　$\boldsymbol{G}$ 的谱半径 $\rho(\boldsymbol{G})$ 小于等于它的任意一种范数 $\|\boldsymbol{G}\|$，即

$$\rho(\boldsymbol{G}) \leqslant \|\boldsymbol{G}\|.$$

证明　设 λ 是 $\boldsymbol{G}$ 的任意一个特征值，$\boldsymbol{x}\neq 0$ 为其对应的特征向量，则有

$$\boldsymbol{G}\boldsymbol{x} = \lambda\boldsymbol{x},$$

根据向量范数的齐性和向量范数与矩阵范数的相容性，可得

$$|\lambda|\cdot\|\boldsymbol{x}\| = \|\lambda\boldsymbol{x}\| = \|\boldsymbol{G}\boldsymbol{x}\| \leqslant \|\boldsymbol{G}\|\cdot\|\boldsymbol{x}\|.$$

由于 $\|\boldsymbol{x}\|>0$，从而有 $|\lambda|\leqslant\|\boldsymbol{G}\|$，又由于 λ 是任意一个特征值，故有 $\rho(\boldsymbol{G})\leqslant\|\boldsymbol{G}\|$.

关于矩阵的谱半径，还有以下命题.

命题 1　设 $\boldsymbol{G}$ 是 n 阶方阵，则 $\rho(\boldsymbol{G})<1 \Leftrightarrow \lim\limits_{k\to\infty}\boldsymbol{G}^k=\boldsymbol{O}$.

命题 2　设 $\boldsymbol{G}$ 是 n 阶方阵，$\boldsymbol{E}$ 为 n 阶单位阵，若 $\rho(\boldsymbol{G})<1$，则矩阵 $\boldsymbol{E}-\boldsymbol{G}$ 非奇异.

根据以上命题，可得迭代法收敛的定理.

3.3.1　Jacobi 迭代法的收敛性与误差分析

定理 3.3.2　对任意 $g\in\mathbf{R}^n$ 和任意的初始向量 $\boldsymbol{x}^{(0)}\in\mathbf{R}^n$，Jacobi 迭代公式 $\boldsymbol{x}^{(k+1)}=\boldsymbol{B}\boldsymbol{x}^{(k)}+\boldsymbol{g}$ 收敛于方程组 $\boldsymbol{x}=\boldsymbol{B}\boldsymbol{x}+\boldsymbol{g}$ 的解 $\boldsymbol{x}^*\Leftrightarrow\rho(\boldsymbol{B})<1$.

证明　先证"$\Leftarrow$". 若 $\rho(\boldsymbol{B})<1$，由命题 2 知，$\boldsymbol{E}-\boldsymbol{B}$ 非奇异，方程组 $(\boldsymbol{E}-\boldsymbol{B})\boldsymbol{x}=\boldsymbol{g}$ 存在唯一解 $\boldsymbol{x}^*$，即方程组 $\boldsymbol{x}=\boldsymbol{B}\boldsymbol{x}+\boldsymbol{g}$ 存在唯一解 $\boldsymbol{x}^*$，则

$$\boldsymbol{x}^{(k)}-\boldsymbol{x}^* = \boldsymbol{B}(\boldsymbol{x}^{(k-1)}-\boldsymbol{x}^*) = \boldsymbol{B}^2(\boldsymbol{x}^{(k-2)}-\boldsymbol{x}^*) = \cdots = \boldsymbol{B}^k(\boldsymbol{x}^{(0)}-\boldsymbol{x}^*). \tag{3.3.1}$$

$\rho(\boldsymbol{B})<1$，又由命题 1 知，$\lim\limits_{k\to\infty}\boldsymbol{B}^k=\boldsymbol{O}$，因此由式(3.3.1)，有

$$\lim_{k\to\infty}\boldsymbol{x}^{(k)} = \boldsymbol{x}^*,$$

即 Jacobi 迭代公式产生的序列 $\{\boldsymbol{x}^{(k)}\}$ 收敛于方程组 $\boldsymbol{x}=\boldsymbol{B}\boldsymbol{x}+\boldsymbol{g}$ 的解 $\boldsymbol{x}^*$.

再证"$\Rightarrow$". 若 Jacobi 迭代公式 $\boldsymbol{x}^{(k+1)}=\boldsymbol{B}\boldsymbol{x}^{(k)}+\boldsymbol{g}$ 产生的序列 $\{\boldsymbol{x}^{(k)}\}$ 收敛于方程组 $\boldsymbol{x}=\boldsymbol{B}\boldsymbol{x}+\boldsymbol{g}$ 的解 $\boldsymbol{x}^*$，即 $\lim\limits_{k\to\infty}\boldsymbol{x}^{(k)}=\boldsymbol{x}^*$，则式(3.3.1)仍然成立，由式(3.3.1)及 $\boldsymbol{x}^{(0)}$ 的任意性知 $\lim\limits_{k\to\infty}\boldsymbol{B}^k=\boldsymbol{O}$. 由命题 1 知 $\rho(\boldsymbol{B})<1$.

定理3.3.2给出了Jacobi迭代法收敛的充要条件,从理论上来讲非常完美,但实际上计算$\rho(\boldsymbol{B})$不是那么方便,下面给出更易操作的迭代收敛定理.

定理3.3.3 设$\boldsymbol{B}$是Jacobi迭代法的迭代矩阵,若它的某一种范数满足$\|\boldsymbol{B}\|<1$,则方程组$\boldsymbol{x}=\boldsymbol{B}\boldsymbol{x}+\boldsymbol{g}$有唯一解$\boldsymbol{x}^*$,且对任意的初始向量$x^{(0)}\in\mathbf{R}^n$,Jacobi迭代公式$\boldsymbol{x}^{(k+1)}=\boldsymbol{B}\boldsymbol{x}^{(k)}+\boldsymbol{g}$收敛于$\boldsymbol{x}^*$,并有

$$\|\boldsymbol{x}^{(k)}-\boldsymbol{x}^*\|\leqslant\frac{\|\boldsymbol{B}\|}{1-\|\boldsymbol{B}\|}\|\boldsymbol{x}^{(k)}-\boldsymbol{x}^{(k-1)}\| \tag{3.3.2}$$

及

$$\|\boldsymbol{x}^{(k)}-\boldsymbol{x}^*\|\leqslant\frac{\|\boldsymbol{B}\|^k}{1-\|\boldsymbol{B}\|}\|\boldsymbol{x}^{(1)}-\boldsymbol{x}^{(0)}\|. \tag{3.3.3}$$

证明 由于$\rho(\boldsymbol{B})\leqslant\|\boldsymbol{B}\|<1$,由定理3.3.2知Jacobi迭代公式$\boldsymbol{x}^{(k+1)}=\boldsymbol{B}\boldsymbol{x}^{(k)}+\boldsymbol{g}$收敛,即$\lim\limits_{k\to\infty}\boldsymbol{x}^{(k)}=\boldsymbol{x}^*$,$\boldsymbol{x}^*=\boldsymbol{B}\boldsymbol{x}^*+\boldsymbol{g}$.

$$\begin{aligned}\|\boldsymbol{x}^{(k)}-\boldsymbol{x}^*\| &= \|\boldsymbol{B}\boldsymbol{x}^{(k-1)}-\boldsymbol{B}\boldsymbol{x}^*\|\leqslant\|\boldsymbol{B}\|\cdot\|\boldsymbol{x}^{(k-1)}-\boldsymbol{x}^*\|\\ &= \|\boldsymbol{B}\|\cdot\|\boldsymbol{x}^{(k-1)}-\boldsymbol{x}^{(k)}+\boldsymbol{x}^{(k)}-\boldsymbol{x}^*\|\\ &\leqslant \|\boldsymbol{B}\|\cdot(\|\boldsymbol{x}^{(k-1)}-\boldsymbol{x}^{(k)}\|+\|\boldsymbol{x}^{(k)}-\boldsymbol{x}^*\|),\end{aligned}$$

从而

$$\|\boldsymbol{x}^{(k)}-\boldsymbol{x}^*\|\leqslant\frac{\|\boldsymbol{B}\|}{1-\|\boldsymbol{B}\|}\|\boldsymbol{x}^{(k)}-\boldsymbol{x}^{(k-1)}\|,$$

$$\begin{aligned}\|\boldsymbol{x}^{(k)}-\boldsymbol{x}^*\| &\leqslant\frac{\|\boldsymbol{B}\|}{1-\|\boldsymbol{B}\|}\|\boldsymbol{B}(\boldsymbol{x}^{(k-1)}-\boldsymbol{x}^{(k-2)})\|\\ &\leqslant\frac{\|\boldsymbol{B}\|^2}{1-\|\boldsymbol{B}\|}\|\boldsymbol{x}^{(k-1)}-\boldsymbol{x}^{(k-2)}\|\\ &\leqslant\cdots\cdots\\ &\leqslant\frac{\|\boldsymbol{B}\|^k}{1-\|\boldsymbol{B}\|}\|\boldsymbol{x}^{(1)}-\boldsymbol{x}^{(0)}\|.\end{aligned}$$

不等式(3.3.2)可根据精度要求控制迭代次数而不必事前算出迭代次数:若要求$\|\boldsymbol{x}^{(k)}-\boldsymbol{x}^*\|<\varepsilon$,则只要$\dfrac{\|\boldsymbol{B}\|}{1-\|\boldsymbol{B}\|}\|\boldsymbol{x}^{(k)}-\boldsymbol{x}^{(k-1)}\|<\varepsilon$即可,实际计算时一般采用判断$\|\boldsymbol{x}^{(k)}-\boldsymbol{x}^{(k-1)}\|<\varepsilon$是否成立来控制迭代次数.

不等式(3.3.3)可以估计$\boldsymbol{x}^{(k)}\approx\boldsymbol{x}^*$的误差.

3.3.2 Gauss-Seidel迭代法的收敛性与误差分析

由公式(3.2.7)和定理3.3.2可得Gauss-Seidel迭代法收敛的定理.

定理3.3.4 对任意$\boldsymbol{g}\in\mathbf{R}^n$和任意的初始向量$\boldsymbol{x}^{(0)}\in\mathbf{R}^n$,Gauss-Seidel迭代公式$\boldsymbol{x}^{(k+1)}=\boldsymbol{L}\boldsymbol{x}^{(k+1)}+\boldsymbol{U}\boldsymbol{x}^{(k)}+\boldsymbol{g}$收敛$\Leftrightarrow\rho((\boldsymbol{E}-\boldsymbol{L})^{-1}\boldsymbol{U})<1$.

计算$\rho((\boldsymbol{E}-\boldsymbol{L})^{-1}\boldsymbol{U})$比计算$\rho(\boldsymbol{B})$更不方便,下面介绍另一个迭代收敛定理.

Gauss-Seidel迭代法是在方程组$\boldsymbol{A}\boldsymbol{x}=\boldsymbol{b}$的系数矩阵$\boldsymbol{A}=(a_{ij})_{n\times n}$的主对角线上的元素$a_{ii}\neq0$的条件下先恒等变形为$\boldsymbol{x}=\boldsymbol{B}\boldsymbol{x}+\boldsymbol{g}$.若记$\boldsymbol{B}=(b_{ij})_{n\times n}$,其中$b_{ij}=-\dfrac{a_{ij}}{a_{ii}}b_{ii}=0\quad(i,j=1,2,\cdots,n)$,则Gauss-Seidel迭代法的分量形式为

$$x_i^{(k+1)} = \sum_{j=1}^{i-1} b_{ij} x_j^{(k+1)} + \sum_{j=i}^{n} b_{ij} x_j^{(k)} + g_i \quad (i = 1,2,\cdots,n).$$

定理 3.3.5　若 $\| \boldsymbol{B} \|_\infty < 1$，记 $\mu = \max\limits_{1\leqslant i\leqslant n}\left[\dfrac{\sum\limits_{j=i}^{n} | b_{ij} |}{1 - \sum\limits_{j=1}^{i-1} | b_{ij} |}\right]$，则 $\mu < 1$，Gauss-Seidel 迭代法收敛于方程组 $\boldsymbol{x}=\boldsymbol{B}\boldsymbol{x}+\boldsymbol{g}$ 的解 $\boldsymbol{x}^*$，并且

$$\| \boldsymbol{x}^{(k)} - \boldsymbol{x}^* \|_\infty \leqslant \frac{\mu^k}{1-\mu} \| \boldsymbol{x}^{(1)} - \boldsymbol{x}^{(0)} \|_\infty.$$

证明　（Ⅰ）先证 $\mu<1$.

因为 $\| \boldsymbol{B} \|_\infty < 1$，即 $\max\limits_{1\leqslant i\leqslant n}\left(\sum\limits_{j=1}^{n} | b_{ij} |\right) < 1$，所以 $\sum\limits_{j=1}^{n} | b_{ij} | = \sum\limits_{j=1}^{i-1} | b_{ij} | + \sum\limits_{j=i}^{n} | b_{ij} | < 1$，

从而 $\mu = \max\limits_{1\leqslant i\leqslant n}\left[\dfrac{\sum\limits_{j=i}^{n} | b_{ij} |}{1 - \sum\limits_{j=1}^{i-1} | b_{ij} |}\right] < 1.$

（Ⅱ）再证 Gauss-Seidel 迭代法收敛.

因为 Gauss-Seidel 迭代法的分量形式为

$$x_i^{(k+1)} = \sum_{j=1}^{i-1} b_{ij} x_j^{(k+1)} + \sum_{j=i}^{n} b_{ij} x_j^{(k)} + g_i \quad (i = 1,2,\cdots,n),$$

所以

$$x_i^* = \sum_{j=1}^{i-1} b_{ij} x_j^* + \sum_{j=i}^{n} b_{ij} x_j^* + g_i \quad (i = 1,2,\cdots,n).$$

不妨设 $\| \boldsymbol{x}^{(k)} - \boldsymbol{x}^* \|_\infty = | x_p^{(k)} - x_p^* |$. 因为

$$\begin{aligned} | x_p^{(k)} - x_p^* | &= \left| \sum_{j=1}^{p-1} b_{pj} (x_j^{(k)} - x_j^*) + \sum_{j=p}^{n} b_{pj} (x_j^{(k-1)} - x_j^*) \right| \\ &\leqslant \sum_{j=1}^{p-1} | b_{pj} | \cdot | x_j^{(k)} - x_j^* | + \sum_{j=p}^{n} | b_{pj} | \cdot | x_j^{(k-1)} - x_j^* | \\ &\leqslant \sum_{j=1}^{p-1} | b_{pj} | \cdot \| \boldsymbol{x}^{(k)} - \boldsymbol{x}^* \|_\infty + \sum_{j=p}^{n} | b_{pj} | \cdot \| \boldsymbol{x}^{(k-1)} - \boldsymbol{x}^* \|_\infty, \end{aligned}$$

所以

$$\| x^{(k)} - x^* \|_\infty \leqslant \frac{\sum\limits_{j=p}^{n} | b_{pj} |}{1 - \sum\limits_{j=1}^{p-1} | b_{pj} |} \| \boldsymbol{x}^{(k-1)} - \boldsymbol{x}^* \|_\infty \leqslant \mu \| \boldsymbol{x}^{(k-1)} - \boldsymbol{x}^* \|_\infty.$$

反复递推，可得

$$\| \boldsymbol{x}^{(k)} - \boldsymbol{x}^* \|_\infty \leqslant \mu^k \| \boldsymbol{x}^{(0)} - \boldsymbol{x}^* \|_\infty.$$

因为 $0<\mu<1$，$\lim\limits_{k\to\infty}\mu^k=0$，所以 $\lim\limits_{k\to\infty} \| \boldsymbol{x}^{(k)} - \boldsymbol{x}^* \|_\infty = 0$，从而 $\lim\limits_{k\to\infty}\boldsymbol{x}^{(k)} = \boldsymbol{x}^*$，即 Gauss-Seidel 迭

代法收敛.

(Ⅲ) 最后证明不等式 $\|x^{(k)}-x^*\|_\infty \leqslant \frac{\mu^k}{1-\mu}\|x^{(1)}-x^{(0)}\|_\infty$.

类似于前面的推导可得

$$\|x^{(k)}-x^{(k-1)}\|_\infty \leqslant \mu\|x^{(k-1)}-x^{(k-2)}\|_\infty \leqslant \cdots\cdots \leqslant \mu^{k-1}\|x^{(1)}-x^{(0)}\|_\infty.$$

又因为

$$\begin{aligned}\|x^{(k)}-x^*\|_\infty &\leqslant \mu\|x^{(k-1)}-x^*\|_\infty = \mu\|x^{(k-1)}-x^{(k)}+x^{(k)}-x^*\|_\infty \\ &\leqslant \mu(\|x^{(k-1)}-x^{(k)}\|_\infty + \|x^{(k)}-x^*\|_\infty),\end{aligned}$$

所以

$$\|x^{(k)}-x^*\|_\infty \leqslant \frac{\mu}{1-\mu}\|x^{(k)}-x^{(k-1)}\|_\infty \leqslant \frac{\mu^k}{1-\mu}\|x^{(1)}-x^{(0)}\|_\infty.$$

下面给出一个比较实用的迭代收敛的充分条件,为此,首先给出一个关于矩阵对角占优的概念.

定义 3.3.2 设矩阵 $\boldsymbol{A}=(a_{ij})_{n\times n}$ 满足条件

$$|a_{ii}| > \sum_{\substack{j=1\\ j\neq i}}^{n}|a_{ij}| \quad (i=1,2,\cdots,n),$$

则称 $\boldsymbol{A}$ 为**严格对角占优矩阵**.

例如,矩阵 $\begin{pmatrix}2 & 0 & -1\\ 1 & 5 & -2\\ 2 & -2 & 5\end{pmatrix}$ 为严格对角占优矩阵,而矩阵 $\begin{pmatrix}2 & 2 & -1\\ 1 & 5 & -2\\ 2 & -2 & 5\end{pmatrix}$ 不是严格对角占优矩阵.

定理 3.3.6 若线性方程组 $\boldsymbol{Ax}=\boldsymbol{b}$ 的系数矩阵 $\boldsymbol{A}$ 为严格对角占优矩阵,则 Jacobi 迭代法和 Gauss-Seidel 迭代法均收敛.

证明 因为矩阵 $\boldsymbol{A}=(a_{ij})_{n\times n}$ 为严格对角占优矩阵, $|a_{ii}| > \sum_{\substack{j=1\\ j\neq i}}^{n}|a_{ij}| \quad (i=1,2,\cdots,n)$,所以 $\sum_{\substack{j=1\\ j\neq i}}^{n}\left|\frac{a_{ij}}{a_{ii}}\right| < 1 \quad (i=1,2,\cdots,n)$. 故等价方程组 $\boldsymbol{x}=\boldsymbol{Bx}+\boldsymbol{g}$ 中矩阵 $\boldsymbol{B}$ 满足

$$\|\boldsymbol{B}\|_\infty = \max_{1\leqslant i\leqslant n}\left(\sum_{\substack{j=1\\ j\neq i}}^{n}\left|\frac{a_{ij}}{a_{ii}}\right|\right) \leqslant 1.$$

由定理 3.3.3 与定理 3.3.5 知 Jacobi 迭代法和 Gauss-Seidel 迭代法均收敛.

例 3.3 构造收敛的 Jacobi 迭代公式和 Gauss-Seidel 迭代公式解线性方程组

$$\begin{cases}x_1 - 8x_2 = -7,\\ 9x_1 - x_2 - x_3 = 7,\\ -x_1 + 9x_3 = 8,\end{cases}$$

取 $\boldsymbol{x}^{(0)}=(0,0,0)^{\mathrm{T}}$,要求 $\|\boldsymbol{x}^{(k+1)}-\boldsymbol{x}^{(k)}\|_{\infty}\leqslant 10^{-3}$.

解　交换方程组的排列顺序得等价方程组

$$\begin{cases}9x_1-x_2-x_3=7,\\ x_1-8x_2=-7,\\ -x_1+9x_3=8,\end{cases}$$

该方程组的系数矩阵

$$\boldsymbol{A}=\begin{pmatrix}9&-1&-1\\1&-8&0\\-1&0&9\end{pmatrix}$$

为严格对角占优阵,故 Jacobi 迭代法和 Gauss-Seidel 迭代法均收敛.

(1) Jacobi 迭代公式:

$$\begin{cases}x_1^{(k+1)}=\dfrac{1}{9}(x_2^{(k)}+x_3^{(k)}+7),\\ x_2^{(k+1)}=\dfrac{1}{8}(x_1^{(k)}+7),\\ x_3^{(k+1)}=\dfrac{1}{9}(x_1^{(k)}+8)\end{cases}\qquad (k=0,1,2,\cdots).$$

取 $\boldsymbol{x}^{(0)}=(0,0,0)^{\mathrm{T}}$,经计算得

$$\boldsymbol{x}^{(1)}=(0.7778,0.8750,0.8889)^{\mathrm{T}},$$
$$\boldsymbol{x}^{(2)}=(0.9738,0.9722,0.9753)^{\mathrm{T}},$$
$$\boldsymbol{x}^{(3)}=(0.9942,0.9967,0.9971)^{\mathrm{T}},$$
$$\boldsymbol{x}^{(4)}=(0.9993,0.9993,0.9994)^{\mathrm{T}},$$
$$\boldsymbol{x}^{(5)}=(0.9998,0.9999,0.9999)^{\mathrm{T}}.$$

因为 $\|\boldsymbol{x}^{(5)}-\boldsymbol{x}^{(4)}\|_{\infty}=0.0006\leqslant 10^{-3}$,所以方程组的解 $\boldsymbol{x}\approx\boldsymbol{x}^{(5)}$.

(2) Gauss-Seidel 迭代公式:

$$\begin{cases}x_1^{(k+1)}=\dfrac{1}{9}(x_2^{(k)}+x_3^{(k)}+7),\\ x_2^{(k+1)}=\dfrac{1}{8}(x_1^{(k+1)}+7),\\ x_3^{(k+1)}=\dfrac{1}{9}(x_1^{(k+1)}+8)\end{cases}\qquad (k=0,1,2,\cdots).$$

取 $\boldsymbol{x}^{(0)}=(0,0,0)^{\mathrm{T}}$,经计算得

$$\boldsymbol{x}^{(1)}=(0.7778,0.9722,0.9753)^{\mathrm{T}},$$
$$\boldsymbol{x}^{(2)}=(0.9942,0.9993,0.9994)^{\mathrm{T}},$$
$$\boldsymbol{x}^{(3)}=(0.9998,1.0000,1.0000)^{\mathrm{T}},$$

$$x^{(4)}=(1.0000,1.0000,1.0000)^{\mathrm{T}}.$$

因为 $\|x^{(4)}-x^{(3)}\|_{\infty}=0.0002\leqslant 10^{-3}$，所以方程组的解 $x\approx x^{(4)}$.

（该方程组的准确解 $x=(1,1,1)^{\mathrm{T}}$）

3.3.3 迭代加速——逐次超松弛迭代法

这里介绍 Gauss-Seidel 迭代法的一种加速收敛方法——逐次超松弛迭代法（SOR 方法），它是解系数矩阵为大型稀疏矩阵的线性方程组的有效方法之一.

对于线性代数方程组 $\boldsymbol{Ax}=\boldsymbol{b}$，其中 $\boldsymbol{A}=(a_{ij})_{n\times n}$，$\boldsymbol{b}=(b_1,b_2,\cdots,b_n)^{\mathrm{T}}$. 设已求得 $\boldsymbol{x}^{(k)}=(x_1^{(k)},x_2^{(k)},\cdots,x_n^{(k)})^{\mathrm{T}}$ 及分量 $x_1^{(k+1)},x_2^{(k+1)},\cdots,x_{i-1}^{(k+1)}$ 的值，要计算分量 $x_i^{(k+1)}$，首先用 Gauss-Seidel 迭代法可得

$$\tilde{x}_i^{(k+1)}=\frac{1}{a_{ii}}\left(b_i-\sum_{j=1}^{i-1}a_{ij}x_j^{(k+1)}-\sum_{j=i+1}^{n}a_{ij}x_j^{(k)}\right),$$

用 $\tilde{x}_i^{(k+1)}$ 与 $x_i^{(k)}$ 作加权平均作为 $x_i^{(k+1)}$，即

$$x_i^{(k+1)}=(1-\omega)x_i^{(k)}+\omega\tilde{x}_i^{(k+1)},$$

亦即

$$x_i^{(k+1)}=(1-\omega)x_i^{(k)}+\frac{\omega}{a_{ii}}\left(b_i-\sum_{j=1}^{i-1}a_{ij}x_j^{(k+1)}-\sum_{j=i+1}^{n}a_{ij}x_j^{(k)}\right)\ (i=1,2,\cdots,n),\tag{3.3.4}$$

其中，ω 是一个待定参数，称为松弛因子. 这种方法就称为**逐次超松弛迭代法**（简称 **SOR 方法**）. 当 $\omega=1$ 时，SOR 方法就是 GS 方法.

因为 Gauss-Seidel 迭代的矩阵形式为（见公式(3.2.6)）

$$\tilde{\boldsymbol{x}}^{(k+1)}=\boldsymbol{L}\boldsymbol{x}^{(k+1)}+\boldsymbol{U}\boldsymbol{x}^{(k)}+\boldsymbol{g},$$

用 $\tilde{\boldsymbol{x}}^{(k+1)}$ 和 $\boldsymbol{x}^{(k)}$ 作加权平均得

$$\boldsymbol{x}^{(k+1)}=(1-\omega)\boldsymbol{x}^{(k)}+\omega(\boldsymbol{L}\boldsymbol{x}^{(k+1)}+\boldsymbol{U}\boldsymbol{x}^{(k)}+\boldsymbol{g}),$$

移项变形

$$(\boldsymbol{E}-\omega\boldsymbol{L})\boldsymbol{x}^{(k+1)}=[(1-\omega)\boldsymbol{E}+\omega\boldsymbol{U}]\boldsymbol{x}^{(k)}+\omega\boldsymbol{g},$$

从而可得

$$\boldsymbol{x}^{(k+1)}=\boldsymbol{G}_{\omega}\boldsymbol{x}^{(k)}+\boldsymbol{g}_{\omega}\quad(k=1,2,\cdots),\tag{3.3.5}$$

其中，$\boldsymbol{G}_{\omega}=(\boldsymbol{E}-\omega\boldsymbol{L})^{-1}[(1-\omega)\boldsymbol{E}+\omega\boldsymbol{U}]$，$\boldsymbol{g}_{\omega}=\omega(\boldsymbol{E}-\omega\boldsymbol{L})^{-1}\boldsymbol{g}$.

由定理 3.3.2 可得

定理 3.3.7 SOR 方法收敛 $\Leftrightarrow\rho(\boldsymbol{G}_{\omega})<1$.

下面给出 SOR 法收敛的一个必要条件. 为此，先介绍一个引理.

引理 对所有 ω，$\rho(\boldsymbol{G}_{\omega})\geqslant|\omega-1|$.

证明　$\det \boldsymbol{G}_\omega = \det(\boldsymbol{E}-\omega\boldsymbol{L})^{-1}\det[(1-\omega)\boldsymbol{E}+\omega\boldsymbol{U}]$.

因为 $\boldsymbol{E}-\omega\boldsymbol{L}$ 为单位下三角阵，$\det(\boldsymbol{E}-\omega\boldsymbol{L})^{-1}=1$；

$(1-\omega)\boldsymbol{E}+\omega\boldsymbol{U}$ 是主元均为 $1-\omega$ 的上三角阵，$\det[(1-\omega)\boldsymbol{E}+\omega\boldsymbol{U}]=(1-\omega)^n$，

所以
$$\det \boldsymbol{G}_\omega = (1-\omega)^n.$$

设 $\lambda_i(i=1,2,\cdots,n)$ 为 $\boldsymbol{G}_\omega$ 的特征值，则 $\prod_{i=1}^{n}\lambda_i=(1-\omega)^n$，故

$$\rho(\boldsymbol{G}_\omega)=\max_{1\leqslant i\leqslant n}|\lambda_i|\geqslant|\omega-1|.$$

定理 3.3.8　若 SOR 方法收敛，则 $0<\omega<2$.

证明　若 SOR 方法收敛，则 $\rho(\boldsymbol{G}_\omega)<1$，从而

$$|\omega-1|\leqslant\rho(\boldsymbol{G}_\omega)<1,$$

即 $0<\omega<2$.

进一步还可以证明：方程组 $\boldsymbol{Ax}=\boldsymbol{b}$ 的系数矩阵 $\boldsymbol{A}$ 是对称正定矩阵，且 $0<\omega<2$，则 SOR 迭代法收敛(参见文献[9]).

在 SOR 方法中，松弛因子 ω 的取值对迭代公式(3.3.4)的收敛速度影响极大，若选择合适的松弛因子 ω，收敛速度是很快的. 1950 年，Young 研究了最佳松弛因子，一般不易求得，但若方程组的系数矩阵 $\boldsymbol{A}$ 是对称正定矩阵，且是三对角阵，则最佳松弛因子 $\omega=\dfrac{2}{1+\sqrt{1-[\rho(\boldsymbol{B})]^2}}$. 在实际计算时，可以根据方程组系数矩阵的性质，或结合实践计算经验来选取松弛因子 ω.

例 3.4　取松弛因子 $\omega=1.005$，用 SOR 方法求解线性方程组

$$\begin{cases}8x_1-x_2+x_3=1,\\2x_1+10x_2-x_3=4,\\x_1+x_2-5x_3=3,\end{cases}$$

取 $\boldsymbol{x}^{(0)}=(0,0,0)^{\mathrm{T}}$，要求 $\|\boldsymbol{x}^{(k+1)}-\boldsymbol{x}^{(k)}\|_\infty\leqslant10^{-3}$.

解　SOR 方法迭代公式为($\omega=1.005,\ 1-\omega=-0.005$)

$$\begin{cases}x_1^{(k+1)}=-0.005x_1^{(k)}+1.005\times0.125(x_2^{(k)}-x_3^{(k)}+1),\\x_2^{(k+1)}=-0.005x_2^{(k)}+1.005\times0.1(-2x_1^{(k+1)}+x_3^{(k)}+4),\\x_3^{(k+1)}=-0.005x_3^{(k)}+1.005\times0.2(x_1^{(k+1)}+x_2^{(k+1)}-3)\end{cases}\quad(k=0,1,2,\cdots).$$

取 $\boldsymbol{x}^{(0)}=(0,0,0)^{\mathrm{T}}$，经计算得

$$\boldsymbol{x}^{(1)}=(0.125\,6,0.376\,8,-0.502\,0)^{\mathrm{T}},$$

$$\boldsymbol{x}^{(2)}=(0.235\,4,0.302\,3,-0.492\,4)^{\mathrm{T}},$$

$$\boldsymbol{x}^{(3)}=(0.224\,3,0.305\,9,-0.494\,0)^{\mathrm{T}},$$

$$\boldsymbol{x}^{(4)}=(0.225\,0,0.305\,6,-0.403\,9)^{\mathrm{T}}.$$

因为 $\| x^{(4)}-x^{(3)} \|_\infty=0.000\,7\leqslant 10^{-3}$，所以方程组的解 $x\approx x^{(4)}$.

§3.4 线性方程组的直接解法

这一节主要介绍线性方程组的直接解法——Gauss 消元法. 虽然 Gauss 消元法是一个古老的求解线性方程组的方法，但由它改进、变形得到的列主元素消元法、三角分解法仍然是目前计算机上常用的有效方法.

3.4.1 Gauss 消元法

Gauss 消元法是一种最常用的求解线性代数方程组的直接法，其基本思想就是线性代数中的消元法，也就是用逐次消去一个未知数的方法，将线性方程组 $Ax=b$ 化为等价的三角形方程组，从而求出线性方程组的解. 下面以三元线性方程组为例，说明它的求解步骤.

已知线性方程组

$$\begin{cases} a_{11}x_1+a_{12}x_2+a_{13}x_3=b_1, \\ a_{21}x_1+a_{22}x_2+a_{23}x_3=b_2, \\ a_{31}x_1+a_{32}x_2+a_{33}x_3=b_3, \end{cases} \tag{3.4.1}$$

其系数矩阵 $A=(a_{ij})_{3\times 3}$ 非奇异，记其增广矩阵 $(A,b)=(A^{(1)},b^{(1)})$，即 $a_{ij}^{(1)}=a_{ij}$，$b_i^{(1)}=b_i(i,j=1,2,3)$. 下面用矩阵来表示消元过程.

当 $a_{11}^{(1)}\neq 0$ 时，令 $l_{i1}=-\dfrac{a_{i1}^{(1)}}{a_{11}^{(1)}}(i=2,3)$，作行变换 $l_{i1}r_1+r_i(i=2,3)$，则

$$(A^{(1)},b^{(1)})\sim\begin{pmatrix} a_{11}^{(1)} & a_{12}^{(1)} & a_{13}^{(1)} & b_1^{(1)} \\ 0 & a_{22}^{(2)} & a_{23}^{(2)} & b_2^{(2)} \\ 0 & a_{32}^{(2)} & a_{33}^{(2)} & b_3^{(2)} \end{pmatrix}=(A^{(2)},b^{(2)}),$$

其中，

$$a_{ij}^{(2)}=a_{ij}^{(1)}+l_{i1}a_{1j}^{(1)}\quad(i,j=2,3),$$

$$b_i^{(2)}=b_i^{(1)}+l_{i1}b_1^{(1)}\quad(i=2,3).$$

以上实现了对原方程组的第一次消元.

当 $a_{22}^{(2)}\neq 0$ 时，令 $l_{i2}=-\dfrac{a_{i2}^{(2)}}{a_{22}^{(2)}}(i=3)$，作行变换 $l_{i2}r_2+r_i(i=3)$，则

$$(A^{(2)},b^{(2)})\sim\begin{pmatrix} a_{11}^{(1)} & a_{12}^{(1)} & a_{13}^{(1)} & b_1^{(1)} \\ 0 & a_{22}^{(2)} & a_{23}^{(2)} & b_2^{(2)} \\ 0 & 0 & a_{33}^{(3)} & b_3^{(3)} \end{pmatrix}=(A^{(3)},b^{(3)}),$$

其中，

$$a_{33}^{(3)} = a_{33}^{(2)} + l_{32} a_{23}^{(2)},$$

$$b_3^{(3)} = b_3^{(2)} + l_{32} b_2^{(2)},$$

经过两次消元，系数矩阵已经化为上三角阵(以上过程称为消元过程，l_{ij} 称为消元因子)，原方程组化为等价的三角形方程组

$$\begin{cases} a_{11}^{(1)} x_1 + a_{12}^{(1)} x_2 + a_{13}^{(1)} x_3 = b_1^{(1)}, \\ \qquad\qquad a_{22}^{(2)} x_2 + a_{23}^{(2)} x_3 = b_2^{(2)}, \\ \qquad\qquad\qquad\qquad a_{33}^{(3)} x_3 = b_3^{(3)}. \end{cases} \tag{3.4.2}$$

对于三角形线性方程组(3.4.2)，由 $a_{33}^{(3)} \neq 0$，可得

$$\begin{cases} x_3 = \dfrac{b_3^{(3)}}{a_{33}^{(3)}}, \\ x_2 = \dfrac{1}{a_{22}^{(2)}}(b_2^{(2)} - a_{23}^{(2)} x_3), \\ x_1 = \dfrac{1}{a_{11}^{(1)}}(b_1^{(1)} - a_{12}^{(1)} x_2 - a_{13}^{(1)} x_3), \end{cases}$$

即为线性方程组(3.4.1)的解(以上过程称为回代过程).

对于 n 元线性方程组 $\boldsymbol{Ax} = \boldsymbol{b}$，可以类似地采用前面的消元过程和回代过程求出方程组的解. 当系数矩阵 $\boldsymbol{A} = (a_{ij})_{n \times n}$ 非奇异，且 $\boldsymbol{A}$ 的主对角线上的元素(简称主元) $a_{ii}^{(i)} \neq 0$ $(i=1,2,\cdots,n-1)$ 时，则可以通过消元过程将方程组化为三角形线性方程组 $\boldsymbol{A}^{(n)} \boldsymbol{x} = \boldsymbol{b}^{(n)}$，然后通过求解该三角形线性方程组得到原方程组的解.

下面分析 Gauss 消元法的计算量. 这里仅分析消元过程(回代过程完全类似)，并且只给出乘法次数(相对于乘除法来讲，加减法所花费的时间可以不计). 经简单计算知，第 $k(1 \leqslant k \leqslant n-1)$ 步消元所需的乘法次数为 $(n-k+1)(n-k)$. 消元过程所需的乘法总次数为

$$\sum_{k=1}^{n-1} (n-k+1)(n-k) = \frac{n(n^2-1)}{3} = O(n^3).$$

由此易知 Gauss 消元法的总运算量也为 $O(n^3)$，与 Cramer 法则(运算量为 $O(n!)$)相比，Gauss 消元法已大大地改进了求解线性方程组的运算效率. 对于一个 20 元的线性方程组用 Cramer 法则求解约需 5×10^{19} 次乘法，但用 Gauss 消元法只需要约 3 060 次乘法. 由此看出，Cramer 方法在理论上很漂亮，但解决问题的效率太低，没有实用价值. Gauss 消元法真正能算，算得快，很实用.

例 3.5　用 Gauss 消去法求解下列方程组

$$\begin{cases} 2x_1 + 5x_3 = 5, \\ 2x_1 - x_2 + 3x_3 = 3, \\ 2x_1 - x_2 + x_3 = 1. \end{cases}$$

解　仍用矩阵来表示消元过程

$$\begin{pmatrix}2&0&5&5\\2&-1&3&3\\2&-1&1&1\end{pmatrix}\xrightarrow[-r_1+r_3]{-r_1+r_2}\begin{pmatrix}2&0&5&5\\0&-1&-2&-2\\0&-1&-4&-4\end{pmatrix}\xrightarrow{-r_2+r_3}\begin{pmatrix}2&0&5&5\\0&-1&-2&-2\\0&0&-2&-2\end{pmatrix},$$

等价方程组为

$$\begin{cases}2x_1+5x_3=5,\\-x_2-2x_3=-2,\\-2x_3=-2.\end{cases}$$

解之得方程组的解为

$$x_3=1,\quad x_2=0,\ x_1=0.$$

Gauss 消元法要求主元 $a_{ii}^{(i)}\neq 0\quad(i=1,2,\cdots,n)$，那么，在什么条件下主元 $a_{ii}^{(i)}\neq 0$ $(i=2,\cdots,n)$？下面定理给出了这个条件.

定理 3.4.1 主元 $a_{ii}^{(i)}\neq 0(i=1,2,\cdots,n)\Leftrightarrow \boldsymbol{A}$ 的各阶顺序主子式 $D_i\neq 0(i=1,2,\cdots,n)$.

证明 利用数学归纳法证明.

当 $i=1$ 时，$a_{11}^{(1)}=a_{11}\neq 0\Leftrightarrow D_1=a_{11}\neq 0$，结论成立.

假设 $i\leqslant k-1$ 时，结论成立.

当 $i=k$ 时，由归纳法假设 Gauss 消元法可进行 $k-1$ 步，矩阵 $\boldsymbol{A}=\boldsymbol{A}^{(1)}$ 变换为

$$\boldsymbol{A}^{(k)}=\begin{pmatrix}a_{11}^{(1)}&a_{12}^{(1)}&\cdots&a_{1k}^{(1)}&\cdots&a_{1n}^{(1)}\\&a_{22}^{(2)}&\cdots&a_{2k}^{(2)}&\cdots&a_{2n}^{(2)}\\&&\ddots&\vdots&&\vdots\\&&&a_{kk}^{(k)}&\cdots&a_{kn}^{(k)}\\&&&\vdots&&\vdots\\&&&a_{nk}^{(k)}&\cdots&a_{nn}^{(k)}\end{pmatrix},$$

$\boldsymbol{A}$ 的 k 阶顺序主子式

$$D_k=\begin{vmatrix}a_{11}^{(1)}&\cdots&a_{1k}^{(1)}\\&\ddots&\vdots\\&&a_{kk}^{(k)}\end{vmatrix}=D_{k-1}a_{kk}^{(k)}\neq 0\Leftrightarrow a_{kk}^{(k)}\neq 0,$$

即 $i=k$ 时，结论也成立. 根据数学归纳法，对 $i=1,2,\cdots,n$，定理为真.

当主元 $a_{ii}^{(i)}\neq 0(i=1,2,\cdots,n)$ 时，利用行列式的性质，可得 $\det\boldsymbol{A}=\prod\limits_{i=1}^{n}a_{ii}^{(i)}\neq 0$.

3.4.2 Gauss 列主元素消元法

Gauss 消元法是在较强的条件下进行的，它要求主元 $a_{ii}^{(i)}\neq 0(i=1,2,\cdots,n)$，当主元 $a_{ii}^{(i)}(i=1,2,\cdots,n)$ 中的某一个为零时，Gauss 消元法就不能进行下去.

例如，线性方程组

$$\begin{pmatrix} 0 & 3 & -1 \\ 1 & 2 & 2 \\ 2 & -3 & 1 \end{pmatrix}\begin{pmatrix} x_1 \\ x_2 \\ x_3 \end{pmatrix}=\begin{pmatrix} 2 \\ 4 \\ 1 \end{pmatrix},$$

其系数矩阵 $\boldsymbol{A}$ 的主元 $a_{11}=0$,Gauss 消元法的第一次消元就不能进行. 但该方程组的系数行列式 $\det \boldsymbol{A}=16\neq 0$,方程组有唯一解. 解决这个问题的方法,是将方程组的第一个方程与第三个方程对调,得等价方程组

$$\begin{pmatrix} 2 & -3 & 1 \\ 1 & 2 & 2 \\ 0 & 3 & -1 \end{pmatrix}\begin{pmatrix} x_1 \\ x_2 \\ x_3 \end{pmatrix}=\begin{pmatrix} 1 \\ 4 \\ 2 \end{pmatrix},$$

其系数矩阵 $\boldsymbol{A}$ 的主元 $a_{11}=2\neq 0$,Gauss 消元法就能向第二步进行.

另外,即使主元 $a_{ii}^{(i)}\neq 0(i=1,2,\cdots,n)$,但当主元的绝对值很小时,会损失精度,导致方程组的解失真.

例如,线性方程组

$$\begin{pmatrix} 0.003 & 59.14 \\ 5.291 & -6.130 \end{pmatrix}\begin{pmatrix} x_1 \\ x_2 \end{pmatrix}=\begin{pmatrix} 59.17 \\ 46.78 \end{pmatrix}$$

的精确解为 $x_1^*=10, x_2^*=1$.

作 Gauss 消元,消元因子 $l_{21}=-\dfrac{5.291}{0.003}\approx -1\,764$,消元后得

$$\begin{pmatrix} 0.003 & 59.14 \\ 0 & -104\,300 \end{pmatrix}\begin{pmatrix} x_1 \\ x_2 \end{pmatrix}=\begin{pmatrix} 59.17 \\ -104\,400 \end{pmatrix}.$$

回代得 $x_2=1.001, x_1=\dfrac{59.17}{0.003}-\dfrac{59.14}{0.003}\times 1.001=-10$. 其中 x_1 与 x_1^* 的误差很大,主要原因是出现了小主元 $a_{11}=0.003$,在求 x_1 时,将 x_2 的误差 0.001 放大了 $\dfrac{59.14}{0.003}\approx 19\,710$ 倍,同时又出现了两个相近数相减,严重损失了有效数位,从而使解严重失真. 因此,Gauss 消元法不总是数值稳定的算法.

如果消元前,将两个方程的顺序交换,即

$$\begin{pmatrix} 5.291 & -6.130 \\ 0.003 & 59.14 \end{pmatrix}\begin{pmatrix} x_1 \\ x_2 \end{pmatrix}=\begin{pmatrix} 46.78 \\ 59.17 \end{pmatrix},$$

再作 Gauss 消元,消元因子 $l_{21}=-\dfrac{0.003}{5.291}\approx -0.000\,567\,0$, $|l_{21}|\ll 1$,消元后得

$$\begin{pmatrix} 5.291 & -6.130 \\ 0 & 59.14 \end{pmatrix}\begin{pmatrix} x_1 \\ x_2 \end{pmatrix}=\begin{pmatrix} 46.78 \\ 59.14 \end{pmatrix}.$$

回代得 $x_2=1.000=x_2^*, x_1=10.00=x_1^*$.

为了避免 Gauss 消元法的数值不稳定性,在每一步消元之前增加一个选主元的过程:

在完成了 $k-1$ 步消元后得

$$A^{(k)}=\begin{pmatrix} a_{11}^{(1)} & a_{12}^{(1)} & \cdots & a_{1k}^{(1)} & \cdots & a_{1n}^{(1)} \\ & a_{22}^{(2)} & \cdots & a_{2k}^{(2)} & \cdots & a_{2n}^{(2)} \\ & & \ddots & \vdots & & \vdots \\ & & & a_{kk}^{(k)} & \cdots & a_{kn}^{(k)} \\ & & & \vdots & & \vdots \\ & & & a_{nk}^{(k)} & \cdots & a_{nn}^{(k)} \end{pmatrix}.$$

在第 k 列元素 $a_{kk}^{(k)}$ 及其之下的所有元素中选取一个绝对值最大的元素作为主元素(通过交换两行完成),即主元素 $a_{kk}^{(k)}$ 满足

$$|a_{kk}^{(k)}|=\max_{k\leqslant i\leqslant n}|a_{ik}^{(k)}|,$$

然后再进行下一次消元.

这种每进行一次 Gauss 消元,就按列选择一次主元.完成了 $n-1$ 次消元后,再回代的方法称为 **Gauss 列主元素消元法**.

例 3.6 用 Gauss 列主元素消元法解线性方程组

$$\begin{cases} x_1-x_2+x_3=2, \\ -3x_1+x_2-2x_3=6, \\ 3x_1+x_2-x_3=12. \end{cases}$$

解 每次消元前,先选主元,则消元过程(矩阵形式)为

$$\begin{pmatrix} 1 & -1 & 1 & 2 \\ -3 & 1 & -2 & 6 \\ 3 & 1 & -1 & 12 \end{pmatrix} \xrightarrow{r_1\leftrightarrow r_2} \begin{pmatrix} -3 & 1 & -2 & 6 \\ 1 & -1 & 1 & 2 \\ 3 & 1 & -1 & 12 \end{pmatrix} \xrightarrow[r_1+r_3]{r_1/3+r_2}$$

$$\begin{pmatrix} -3 & 1 & -2 & 6 \\ 0 & -2/3 & 1/3 & 4 \\ 0 & 2 & -3 & 18 \end{pmatrix} \xrightarrow{r_2\leftrightarrow r_3} \begin{pmatrix} -3 & 1 & -2 & 6 \\ 0 & 2 & -3 & 18 \\ 0 & -2/3 & 1/3 & 4 \end{pmatrix} \xrightarrow{r_2/3+r_3} \begin{pmatrix} -3 & 1 & -2 & 6 \\ 0 & 2 & -3 & 18 \\ 0 & 0 & -2/3 & 10 \end{pmatrix},$$

回代过程

$$\begin{cases} x_3=-10\times\dfrac{3}{2}=-15, \\ x_2=\dfrac{1}{2}[18+3\times(-15)]=-13.5, \\ x_1=-\dfrac{1}{3}[6-(-13.5)+2\times(-15)]=3.5. \end{cases}$$

Gauss 列主元素消元法是数值稳定的方法,选主元使得消元因子 $|l_{ik}|=\left|\dfrac{a_{ik}^{(k)}}{a_{kk}^{(k)}}\right|\leqslant 1$ $(i=k,k+1,\cdots,n)$,达到抑制舍入误差的作用,使舍入误差以相当慢的速度传播.实际计算中多采用该方法.有些特殊类型的方程组,比如,系数矩阵为对称正定矩阵或为严格对角占

优阵的方程组，它的主元本身不会很小，因此不需要选主元.

§3.5 矩阵的分解及其应用

3.5.1 矩阵的LU分解

Gauss消元法主要是对方程组的增广矩阵作行初等变换，由线性代数的知识知，对矩阵$\boldsymbol{A}$作一次行初等变换等于用一个相应的初等矩阵左乘$\boldsymbol{A}$.

上一节对三元线性方程组(3.4.1)作Gauss消元的第一步，将$\boldsymbol{A}^{(1)}\to\boldsymbol{A}^{(2)}$，等于

$$\begin{pmatrix}1&0&0\\0&1&0\\l_{31}&0&1\end{pmatrix}\begin{pmatrix}1&0&0\\l_{21}&1&0\\0&0&1\end{pmatrix}\begin{pmatrix}a_{11}^{(1)}&a_{12}^{(1)}&a_{13}^{(1)}\\a_{21}^{(1)}&a_{22}^{(1)}&a_{23}^{(1)}\\a_{31}^{(1)}&a_{32}^{(1)}&a_{33}^{(1)}\end{pmatrix}=\begin{pmatrix}a_{11}^{(1)}&a_{12}^{(1)}&a_{13}^{(1)}\\0&a_{22}^{(2)}&a_{23}^{(2)}\\0&a_{32}^{(2)}&a_{33}^{(2)}\end{pmatrix},$$

即$\boldsymbol{L}_2\boldsymbol{L}_1\boldsymbol{A}^{(1)}=\boldsymbol{A}^{(2)}$，其中，$l_{i1}=-\dfrac{a_{i1}^{(1)}}{a_{11}^{(1)}}(i=2,3)$.

Gauss消元的第二步，将$\boldsymbol{A}^{(2)}\to\boldsymbol{A}^{(3)}=\boldsymbol{U}$，等于

$$\begin{pmatrix}1&0&0\\0&1&0\\0&l_{32}&1\end{pmatrix}\begin{pmatrix}a_{11}^{(1)}&a_{12}^{(1)}&a_{13}^{(1)}\\0&a_{22}^{(2)}&a_{23}^{(2)}\\0&a_{32}^{(2)}&a_{33}^{(2)}\end{pmatrix}=\begin{pmatrix}a_{11}^{(1)}&a_{12}^{(1)}&a_{13}^{(1)}\\0&a_{22}^{(2)}&a_{23}^{(2)}\\0&0&a_{33}^{(3)}\end{pmatrix},$$

即$\boldsymbol{L}_3\boldsymbol{A}^{(2)}=\boldsymbol{A}^{(3)}=\boldsymbol{U}$，其中，$l_{32}=-\dfrac{a_{32}^{(2)}}{a_{22}^{(2)}}$. 故有$\boldsymbol{L}_3\boldsymbol{L}_2\boldsymbol{L}_1\boldsymbol{A}=\boldsymbol{U}$.

因为$\boldsymbol{L}_i(i=1,2,3)$为单位下三角矩阵，可逆且逆矩阵仍为单位下三角矩阵，所以有$\boldsymbol{A}=\boldsymbol{L}_1^{-1}\boldsymbol{L}_2^{-1}\boldsymbol{L}_3^{-1}\boldsymbol{U}=\boldsymbol{LU}$，其中，$\boldsymbol{L}=\boldsymbol{L}_1^{-1}\boldsymbol{L}_2^{-1}\boldsymbol{L}_3^{-1}$是一个单位下三角矩阵，$\boldsymbol{U}$为上三角阵.

以上结论可推广到n阶矩阵$\boldsymbol{A}$. n元线性方程组$\boldsymbol{Ax}=\boldsymbol{b}$的每一步消元，相当于用一个初等矩阵左乘$\boldsymbol{A}$. 消元过程相当于用若干个初等矩阵$\boldsymbol{L}_i(i=1,2,\cdots,k)$左乘$\boldsymbol{A}$，将$\boldsymbol{A}$变为上三角阵$\boldsymbol{U}$，即

$$\boldsymbol{L}_k\cdots\boldsymbol{L}_2\boldsymbol{L}_1\boldsymbol{A}=\boldsymbol{U}.$$

令$\boldsymbol{L}=(\boldsymbol{L}_k\cdots\boldsymbol{L}_2\boldsymbol{L}_1)^{-1}$，从而$\boldsymbol{A}=(\boldsymbol{L}_k\cdots\boldsymbol{L}_2\boldsymbol{L}_1)^{-1}\boldsymbol{U}=\boldsymbol{LU}$，其中，$\boldsymbol{L}$为单位下三角矩阵.

综上所述，Gauss消元法就是将线性方程组$\boldsymbol{Ax}=\boldsymbol{b}$的系数矩阵$\boldsymbol{A}$分解为一个单位下三角矩阵$\boldsymbol{L}$和一个上三角矩阵$\boldsymbol{U}$的乘积，即

$$\boldsymbol{A}=\boldsymbol{LU}.$$

这种分解称为**矩阵的LU分解**(三角分解)或Doolittle分解.

一个n阶矩阵$\boldsymbol{A}$，在什么样的条件下可以对其施行LU分解，这样的分解有什么用处？

定理3.5.1 当且仅当$\boldsymbol{A}=(a_{ij})_{n\times n}$的各阶顺序主子式$D_k\neq0(k=1,2\cdots n)$时，$\boldsymbol{A}$有唯一的LU分解.

证明 由定理 3.4.1 知 $\boldsymbol{A}$ 的主元 $a_{kk}^{(k)}\neq 0(k=1,2\cdots n-1)$，Gauss 消元法可进行到底，故 $\boldsymbol{A}$ 可作 LU 分解，即 $\boldsymbol{A}=\boldsymbol{LU}$.

下面证明分解的唯一性. 不妨设 $\boldsymbol{A}$ 有两种三角分解：

$$\boldsymbol{A}=\boldsymbol{LU}=\boldsymbol{L}_1\boldsymbol{U}_1,$$

其中，$\boldsymbol{L}$ 和 $\boldsymbol{L}_1$ 为单位下三角阵，$\boldsymbol{U}$ 和 $\boldsymbol{U}_1$ 为上三角阵. 因为 $\boldsymbol{A}$ 的 n 阶顺序主子式 $\boldsymbol{D}_n=\det \boldsymbol{A}\neq 0$，所以 $\boldsymbol{A}$ 非奇异，则 $\boldsymbol{U}$ 和 $\boldsymbol{U}_1$ 也非奇异，于是有

$$\boldsymbol{L}_1^{-1}\boldsymbol{L}=\boldsymbol{U}_1\boldsymbol{U}^{-1}.$$

因为单位下三角阵的逆矩阵为单位下三角阵，两个单位下三角阵的乘积仍为单位下三角阵；上三角阵的逆矩阵为上三角阵，两个上三角阵的乘积仍为上三角阵，所以 $\boldsymbol{L}_1^{-1}\boldsymbol{L}$ 为单位下三角阵，$\boldsymbol{U}_1\boldsymbol{U}^{-1}$ 为上三角阵，所以必须成立

$$\boldsymbol{L}_1^{-1}\boldsymbol{L}=\boldsymbol{U}_1\boldsymbol{U}^{-1}=\boldsymbol{E},$$

即 $\boldsymbol{L}_1=\boldsymbol{L},\boldsymbol{U}_1=\boldsymbol{U}$，矩阵 $\boldsymbol{A}$ 的 LU 分解是唯一的.

由于 $\boldsymbol{A}$ 的主元 $a_{kk}^{(k)}\neq 0(k=1,2\cdots n)$，令 $\boldsymbol{D}=\mathrm{diag}(a_{11}^{(1)},a_{22}^{(2)},\cdots,a_{nn}^{(n)})$，则 $\boldsymbol{U}=\boldsymbol{DR}$，$\boldsymbol{A}=\boldsymbol{LDR}$，其中，$\boldsymbol{R}$ 为单位上三角阵，这种分解称为**矩阵的 LDR 分解**.

关于矩阵的分解还有以下结论：

(1) 若 $\boldsymbol{A}$ 为对称矩阵，且有唯一的 LDR 分解，则必有 $\boldsymbol{A}=\boldsymbol{LDL}^{\mathrm{T}}$.

这是因为 $\boldsymbol{A}^{\mathrm{T}}=\boldsymbol{R}^{\mathrm{T}}\boldsymbol{D}^{\mathrm{T}}\boldsymbol{L}^{\mathrm{T}}=\boldsymbol{R}^{\mathrm{T}}\boldsymbol{DL}^{\mathrm{T}}=\boldsymbol{A}=\boldsymbol{LDR}$，由分解的唯一性得 $\boldsymbol{R}=\boldsymbol{L}^{\mathrm{T}}$.

(2) 若 $\boldsymbol{A}$ 为对称正定矩阵，所以有 $\boldsymbol{A}=\tilde{\boldsymbol{L}}\tilde{\boldsymbol{L}}^{\mathrm{T}}$，其中 $\tilde{\boldsymbol{L}}$ 为下三角矩阵.

这种分解称为对称正定矩阵的平方根分解，也称为 Cholesky 分解. 当限定 $\tilde{\boldsymbol{L}}$ 的主对角线的元素为正时，这种分解是唯一的.

这是因为 $\boldsymbol{A}$ 为对称阵，所以有 $\boldsymbol{A}=\boldsymbol{LDL}^{\mathrm{T}}$；又因为 $\boldsymbol{A}$ 为正定阵，则 $\boldsymbol{D}$ 也为正定阵，所以 $a_{kk}^{(k)}>0(k=1,2\cdots,n)$. 令 $\boldsymbol{D}^{\frac{1}{2}}=\mathrm{diag}(\sqrt{a_{11}^{(1)}},\sqrt{a_{22}^{(2)}},\cdots,\sqrt{a_{nn}^{(n)}})$，则

$$\boldsymbol{A}=(\boldsymbol{LD}^{\frac{1}{2}})(\boldsymbol{D}^{\frac{1}{2}}\boldsymbol{L}^{\mathrm{T}})=(\boldsymbol{LD}^{\frac{1}{2}})(\boldsymbol{LD}^{\frac{1}{2}})^{\mathrm{T}}=\tilde{\boldsymbol{L}}\tilde{\boldsymbol{L}}^{\mathrm{T}}.$$

矩阵 $\boldsymbol{A}$ 的 LU 分解除了采用上面的消元法得到之外，还可以采用数学上的待定系数法来求解，以待定系数法为基础，可以得到其紧凑格式(参见文献[11]).

3.5.2 LU 分解的应用

矩阵的 LU 分解常用来求矩阵的行列式，求解线性方程组和矩阵的逆矩阵.

一、求方阵的行列式

设对 n 阶方阵 $\boldsymbol{A}$ 已作 LU 分解，即 $\boldsymbol{A}=\boldsymbol{LU}$，$\boldsymbol{U}=[u_{ij}]_{n\times n}$. 当 $i<j$ 时，$u_{ij}=0$，则由行列式的性质知

$$|\boldsymbol{A}|=|\boldsymbol{LU}|=|\boldsymbol{L}|\cdot|\boldsymbol{U}|=|\boldsymbol{U}|=\prod_{i=1}^{n}u_{ii},$$

若不能直接对 $\boldsymbol{A}$ 进行 LU 分解，而是通过列主元素消元法得到分解，则

$$|\boldsymbol{A}| = (-1)^s |\boldsymbol{LU}| = (-1)^s |\boldsymbol{L}| \cdot |\boldsymbol{U}| = (-1)^s |\boldsymbol{U}| = (-1)^s \prod_{i=1}^{n} u_{ii},$$

其中,s 为消元过程中作行交换的总次数.

二、求解线性方程组

对 n 元线性方程组 $\boldsymbol{Ax}=\boldsymbol{b}$,假设 $\boldsymbol{A}=\boldsymbol{LU}$,则解线性方程组 $\boldsymbol{Ax}=\boldsymbol{b}$ 等价于解

$$\boldsymbol{LUx} = \boldsymbol{b},$$

若令 $\boldsymbol{Ux}=\boldsymbol{z}$,则求解线性方程组 $\boldsymbol{Ax}=\boldsymbol{b}$ 归结为解两个三角形线性方程组

$$\boldsymbol{Lz} = \boldsymbol{b}, \boldsymbol{Ux} = \boldsymbol{z}.$$

三、求矩阵的逆矩阵

对 n 阶方阵 $\boldsymbol{A}$,假设其逆矩阵 $\boldsymbol{A}^{-1}$ 存在,即 $\boldsymbol{AA}^{-1}=\boldsymbol{E}$. 记 $\boldsymbol{E}$ 的第 j 列为 $\boldsymbol{e}^{(j)}$,则

$$\boldsymbol{E} = (\boldsymbol{e}^{(1)}, \boldsymbol{e}^{(2)}, \cdots, \boldsymbol{e}^{(n)}).$$

记 $\boldsymbol{A}^{-1}$ 的第 j 列为 $\boldsymbol{x}^{(j)}$,则

$$\boldsymbol{A}^{-1} = (\boldsymbol{x}^{(1)}, \boldsymbol{x}^{(2)}, \cdots, \boldsymbol{x}^{(n)}).$$

于是,$\boldsymbol{AA}^{-1}=\boldsymbol{E}$ 等价于

$$\boldsymbol{A}(\boldsymbol{x}^{(1)}, \boldsymbol{x}^{(2)}, \cdots, \boldsymbol{x}^{(n)}) = (\boldsymbol{e}^{(1)}, \boldsymbol{e}^{(2)}, \cdots, \boldsymbol{e}^{(n)}),$$

即

$$\boldsymbol{Ax}^{(j)} = \boldsymbol{e}^{(j)} \quad (j = 1, 2, \cdots, n).$$

这样,求逆矩阵 $\boldsymbol{A}^{-1}$ 变成求解方程组 $\boldsymbol{Ax}^{(j)}=\boldsymbol{e}^{(j)}\,(j=1,2,\cdots,n)$. 若 $\boldsymbol{A}$ 能够直接进行 LU 分解,则对 $j=1,2,\cdots,n$,分别解方程组

$$\boldsymbol{Lz} = \boldsymbol{e}^{(j)}, \boldsymbol{Ux}^{(j)} = \boldsymbol{z},$$

求得 $\boldsymbol{x}^{(j)}\,(j=1,2,\cdots,n)$ 后,便得到 $\boldsymbol{A}^{-1}$:

$$\boldsymbol{A}^{-1} = (\boldsymbol{x}^{(1)}, \boldsymbol{x}^{(2)}, \cdots, \boldsymbol{x}^{(n)}).$$

例 3.7 设 $\boldsymbol{A}=\begin{pmatrix} 3 & 2 & 1 \\ 2 & 4 & 1 \\ 1 & 2 & 4 \end{pmatrix}$,用 LU 分解求解下列问题:

(1) 计算行列式 $|\boldsymbol{A}|$;

(2) 解方程组 $\boldsymbol{Ax}=\boldsymbol{b}$,其中,$\boldsymbol{b}=(2, -1, 3)^{\mathrm{T}}$;

(3) 求 $\boldsymbol{A}^{-1}$.

解 用 Gauss 消去法可得 $\boldsymbol{A}$ 的 LU 分解

$$\boldsymbol{A} = \boldsymbol{LU} = \begin{pmatrix} 1 & 0 & 0 \\ 2/3 & 1 & 0 \\ 1/3 & 1/2 & 1 \end{pmatrix} \begin{pmatrix} 3 & 2 & 1 \\ 0 & 8/3 & 1/3 \\ 0 & 0 & 7/2 \end{pmatrix}.$$

(1) $\boldsymbol{A}$ 的行列式为 $|\boldsymbol{A}|=|\boldsymbol{U}|=3\times\frac{8}{3}\times\frac{7}{2}=28$.

(2) 先解 $\boldsymbol{Lz}=(2,\ -1,\ 3)^{\mathrm{T}}$,得

$$\boldsymbol{z}=(z_1,z_2,z_3)^{\mathrm{T}}=\left(2,-\frac{7}{3},\frac{7}{2}\right)^{\mathrm{T}}.$$

再解 $\boldsymbol{Ux}=\boldsymbol{z}$,得

$$\boldsymbol{x}=(x_1,x_2,x_3)^{\mathrm{T}}=(1,-1,1)^{\mathrm{T}}.$$

(3) 先解 $\boldsymbol{Lz}=(1,\ 0,\ 0)^{\mathrm{T}}$,得

$$\boldsymbol{z}=\left(1,-\frac{2}{3},0\right)^{\mathrm{T}}.$$

再解 $\boldsymbol{Ux}^{(1)}=\boldsymbol{z}$,得

$$\boldsymbol{x}^{(1)}=\left(\frac{1}{2},-\frac{1}{4},0\right)^{\mathrm{T}}.$$

类似可以求出

$$\boldsymbol{x}^{(2)}=\left(-\frac{3}{14},\frac{11}{28},-\frac{1}{7}\right)^{\mathrm{T}},$$

$$\boldsymbol{x}^{(3)}=\left(-\frac{1}{14},-\frac{1}{28},\frac{2}{7}\right)^{\mathrm{T}},$$

因此

$$\boldsymbol{A}^{-1}=\begin{pmatrix}\frac{1}{2} & -\frac{3}{14} & -\frac{1}{14}\\ -\frac{1}{4} & \frac{11}{28} & -\frac{1}{28}\\ 0 & -\frac{1}{7} & \frac{2}{7}\end{pmatrix}.$$

3.5.3 平方根法

当 n 元线性方程组 $\boldsymbol{Ax}=\boldsymbol{b}$ 的系数矩阵 $\boldsymbol{A}$ 为对称正定矩阵时,由矩阵的分解知 $\boldsymbol{A}$ 可分解为一个下三角阵与其转置矩阵的乘积,即 $\boldsymbol{A}=\widetilde{\boldsymbol{L}}\widetilde{\boldsymbol{L}}^{\mathrm{T}}$.

这种分解可以用待定系数法完成. 设 $\boldsymbol{A}=(a_{ij})_{n\times n}$,

$$\widetilde{\boldsymbol{L}}=\begin{pmatrix}l_{11} & 0 & \cdots & 0\\ l_{21} & l_{22} & \cdots & 0\\ \vdots & \vdots & & \vdots\\ l_{n1} & l_{n2} & \cdots & l_{nn}\end{pmatrix}.$$

利用矩阵的乘积与矩阵的相等,可得求解 l_{ij} 的计算公式:对 $i=2,3,\cdots,n$,

$$l_{ij}=\frac{1}{l_{jj}}\left(a_{ij}-\sum_{k=1}^{j-1}l_{ik}l_{jk}\right)\quad(j=1,2,\cdots,i-1),$$

$$l_{ii}=\left(a_{ii}-\sum_{k=1}^{j-1}l_{ik}^{2}\right)^{\frac{1}{2}},\tag{3.5.1}$$

其中，$l_{11}=\sqrt{a_{11}}$.

完成矩阵 $\boldsymbol{A}$ 的 Cholesky 分解 $\boldsymbol{A}=\widetilde{\boldsymbol{L}}\widetilde{\boldsymbol{L}}^{\mathrm{T}}$ 后，求解线性方程组 $\boldsymbol{Ax}=\boldsymbol{b}$ 的问题就转变成求解两个三角形线性方程组

$$\widetilde{\boldsymbol{L}}\boldsymbol{z}=\boldsymbol{b},$$

$$\widetilde{\boldsymbol{L}}^{\mathrm{T}}\boldsymbol{x}=\boldsymbol{z}.$$

这种应用 Cholesky 分解来解线性方程组的方法称为**平方根法**.

3.5.4　解三对角方程组的追赶法

设线性方程组 $\boldsymbol{Ax}=\boldsymbol{b}$ 的系数矩阵 $\boldsymbol{A}$ 为三对角矩阵

$$\boldsymbol{A}=\begin{pmatrix}d_1 & c_1 & & 0\\ a_2 & \ddots & \ddots & \\ & \ddots & \ddots & c_{n-1}\\ 0 & & a_n & d_n\end{pmatrix},$$

这时 $\boldsymbol{A}$ 可作如下 LU 分解：

$$\boldsymbol{A}=\boldsymbol{LU}=\begin{pmatrix}1 & & & 0\\ l_2 & 1 & & \\ & \ddots & \ddots & \\ 0 & & l_n & 1\end{pmatrix}\begin{pmatrix}r_1 & c_1 & & 0\\ & r_2 & \ddots & \\ & & \ddots & c_{n-1}\\ 0 & & & r_n\end{pmatrix}.$$

利用矩阵的乘积与矩阵的相等，可以给出求解三对角方程组的 Gauss 消元法的变形.

(1) LU 分解：首先 $r_1=d_1$，对 $i=2,3,\cdots,n$，计算

$$l_i=\frac{a_i}{r_{i-1}},\quad r_i=d_i-l_ic_{i-1}.$$

(2) 解 $\boldsymbol{Lz}=\boldsymbol{b}$：首先 $z_1=b_1$，对 $i=2,3,\cdots,n$，计算

$$z_i=b_i-l_iz_{i-1}.$$

(3) 解 $\boldsymbol{Ux}=\boldsymbol{z}$：首先 $x_n=\frac{z_n}{r_n}$，对 $i=n-1,n-2,\cdots,2,1$，计算

$$x_i=\frac{z_i-c_ix_{i+1}}{r_i}.$$

上述求三对角方程组方法的实质就是 Gauss 消元法，它的第(2) 步求解 $\boldsymbol{Lz}=\boldsymbol{b}$ 就像往前“追”的过程；它的第(3)步求解 $\boldsymbol{Ux}=\boldsymbol{z}$ 就像往回“赶”的过程，因此通常称这种方法为求解

三对角方程组的**追赶法**.

§3.6 扰动分析

因为线性方程组 $\boldsymbol{Ax}=\boldsymbol{b}$ 的系数矩阵 $\boldsymbol{A}$ 和向量 $\boldsymbol{b}$，都是通过观察测量或计算得到，所以一般来讲，误差总是存在的，这些误差（或扰动）对方程组的解将会产生什么影响？

先考查几个线性方程组.

例 3.8 已知线性方程组

$$\begin{pmatrix}1 & -1\\ 1 & 1\end{pmatrix}\begin{pmatrix}x_1\\ x_2\end{pmatrix}=\begin{pmatrix}0\\ 2\end{pmatrix}$$

的解为 $x_1=x_2=1$.

现在其系数矩阵出现了小小的扰动，变为方程组

$$\begin{pmatrix}1 & -1\\ 1 & 1.0005\end{pmatrix}\begin{pmatrix}x_1\\ x_2\end{pmatrix}=\begin{pmatrix}0\\ 2\end{pmatrix},$$

其解为 $\tilde{x}_1=\tilde{x}_2=\dfrac{2}{2.0005}\approx 1$.

即该线性方程组的系数矩阵的小小扰动对方程组的解没有产生较大的影响.

例 3.9 已知线性方程组

$$\begin{pmatrix}10 & -10\\ -1 & 1.001\end{pmatrix}\begin{pmatrix}x_1\\ x_2\end{pmatrix}=\begin{pmatrix}0\\ 0.001\end{pmatrix}$$

的解为 $x_1=x_2=1$.

现在其系数矩阵也出现了小小的扰动，变为方程组

$$\begin{pmatrix}10 & -10\\ -1 & 1.0015\end{pmatrix}\begin{pmatrix}x_1\\ x_2\end{pmatrix}=\begin{pmatrix}0\\ 0.001\end{pmatrix},$$

其解为 $\tilde{x}_1=\tilde{x}_2=\dfrac{2}{3}$.

即该线性方程组的系数矩阵的小小扰动对方程组的解产生了较大的影响.

例 3.10 已知线性方程组

$$\begin{pmatrix}1 & 1\\ 1 & 1.0001\end{pmatrix}\begin{pmatrix}x_1\\ x_2\end{pmatrix}=\begin{pmatrix}2\\ 2\end{pmatrix}$$

的解为 $x_1=2, x_2=0$.

现在方程组的常数项出现了小小的扰动，变为方程组

$$\begin{pmatrix} 1 & 1 \\ 1 & 1.0001 \end{pmatrix}\begin{bmatrix} x_1 \\ x_2 \end{bmatrix} = \begin{pmatrix} 2 \\ 2.0001 \end{pmatrix},$$

其解为$\tilde{x}_1=\tilde{x}_2=1$.

即该线性方程组的常数项的小小扰动对方程组的解产生了较大的影响.

定义 3.6.1 如果线性方程组 $\boldsymbol{Ax}=\boldsymbol{b}$ 的系数矩阵 $\boldsymbol{A}$ 或常数项 $\boldsymbol{b}$ 的微小变化,引起方程组 $\boldsymbol{Ax}=\boldsymbol{b}$ 的解发生较大的变化,则称此方程组为**病态方程组**,否则称此方程组为**良态方程组**.

下面通过分析系数矩阵和右端常向量的扰动对解的影响,来探讨如何判定线性方程组是否为良态方程组.

设线性方程组 $\boldsymbol{Ax}=\boldsymbol{b}$ 的系数矩阵 $\boldsymbol{A}$ 有小扰动 $\delta\boldsymbol{A}$,常向量 $\boldsymbol{b}$ 有小扰动 $\delta\boldsymbol{b}$,这时方程组的解出现的扰动为 $\delta\boldsymbol{x}$,方程组为

$$(\boldsymbol{A}+\delta\boldsymbol{A})(\boldsymbol{x}+\delta\boldsymbol{x})=\boldsymbol{b}+\delta\boldsymbol{b},$$

即

$$\boldsymbol{Ax}+\boldsymbol{A}\cdot\delta\boldsymbol{x}+\delta\boldsymbol{A}\cdot\boldsymbol{x}+\delta\boldsymbol{A}\cdot\delta\boldsymbol{x}=\boldsymbol{b}+\delta\boldsymbol{b}.$$

因为 $\boldsymbol{Ax}=\boldsymbol{b}$,$\boldsymbol{A}$ 可逆,则

$$\delta\boldsymbol{x}=\boldsymbol{A}^{-1}(\delta\boldsymbol{b}-\delta\boldsymbol{A}\cdot\boldsymbol{x}-\delta\boldsymbol{A}\cdot\delta\boldsymbol{x}),$$

$$\begin{aligned}\|\delta\boldsymbol{x}\| &= \|\boldsymbol{A}^{-1}(\delta\boldsymbol{b}-\delta\boldsymbol{A}\cdot\boldsymbol{x}-\delta\boldsymbol{A}\cdot\delta\boldsymbol{x})\| \\ &\leqslant \|\boldsymbol{A}^{-1}\|(\|\delta\boldsymbol{b}\|+\|-\delta\boldsymbol{A}\cdot\boldsymbol{x}\|+\|-\delta\boldsymbol{A}\cdot\delta\boldsymbol{x}\|) \\ &\leqslant \|\boldsymbol{A}^{-1}\|\cdot\|\delta\boldsymbol{b}\|+\|\boldsymbol{A}^{-1}\|\cdot\|\delta\boldsymbol{A}\|\cdot\|\boldsymbol{x}\|+\|\boldsymbol{A}^{-1}\|\cdot\|\delta\boldsymbol{A}\|\cdot\|\delta\boldsymbol{x}\|.\end{aligned}$$

整理得

$$(1-\|\boldsymbol{A}^{-1}\|\cdot\|\delta\boldsymbol{A}\|)\cdot\|\delta\boldsymbol{x}\|\leqslant\|\boldsymbol{A}^{-1}\|\cdot\|\delta\boldsymbol{b}\|+\|\boldsymbol{A}^{-1}\|\cdot\|\delta\boldsymbol{A}\|\cdot\|\boldsymbol{x}\|.$$

由于是小小的扰动,故假设 $\|\boldsymbol{A}^{-1}\|\cdot\|\delta\boldsymbol{A}\|<1$,从而有

$$\|\delta\boldsymbol{x}\|\leqslant\frac{\|\boldsymbol{A}^{-1}\|}{1-\|\boldsymbol{A}^{-1}\|\cdot\|\delta\boldsymbol{A}\|}(\|\delta\boldsymbol{b}\|+\|\delta\boldsymbol{A}\|\cdot\|\boldsymbol{x}\|),$$

由于 $\boldsymbol{x}\neq\boldsymbol{0}$,$\|\boldsymbol{x}\|>0$,故

$$\frac{\|\delta\boldsymbol{x}\|}{\|\boldsymbol{x}\|}\leqslant\frac{\|\boldsymbol{A}^{-1}\|}{1-\|\boldsymbol{A}^{-1}\|\cdot\|\delta\boldsymbol{A}\|}\left(\frac{\|\delta\boldsymbol{b}\|}{\|\boldsymbol{x}\|}+\|\delta\boldsymbol{A}\|\right).$$

又由 $\boldsymbol{b}=\boldsymbol{Ax}$ 得 $\|\boldsymbol{b}\|\leqslant\|\boldsymbol{A}\|\cdot\|\boldsymbol{x}\|$,$\frac{1}{\|\boldsymbol{x}\|}\leqslant\frac{\|\boldsymbol{A}\|}{\|\boldsymbol{b}\|}$,则可得

$$\frac{\|\delta\boldsymbol{x}\|}{\|\boldsymbol{x}\|}\leqslant\frac{\|\boldsymbol{A}^{-1}\|\cdot\|\boldsymbol{A}\|}{1-\|\boldsymbol{A}^{-1}\|\cdot\|\delta\boldsymbol{A}\|}\left(\frac{\|\delta\boldsymbol{b}\|}{\|\boldsymbol{b}\|}+\frac{\|\delta\boldsymbol{A}\|}{\|\boldsymbol{A}\|}\right). \tag{3.6.1}$$

式(3.6.1)表示了相对误差$\frac{\|\delta\boldsymbol{A}\|}{\|\boldsymbol{A}\|}$,$\frac{\|\delta\boldsymbol{b}\|}{\|\boldsymbol{b}\|}$,$\frac{\|\delta\boldsymbol{x}\|}{\|\boldsymbol{x}\|}$之间的关系. 特别,当 $\boldsymbol{A}$ 有扰动,而 $\boldsymbol{b}$ 没有扰动,即 $\|\delta\boldsymbol{b}\|=0$ 时,有

$$\frac{\|\delta x\|}{\|x\|}\leqslant\frac{\|A^{-1}\|\cdot\|A\|}{1-\|A^{-1}\|\cdot\|\delta A\|}\cdot\frac{\|\delta A\|}{\|A\|}. \tag{3.6.2}$$

当 b 有扰动,而 A 没有扰动,即 $\|\delta A\|=0$ 时,有

$$\frac{\|\delta x\|}{\|x\|}\leqslant\|A\|\cdot\|A^{-1}\|\cdot\frac{\|\delta b\|}{\|b\|}. \tag{3.6.3}$$

由此可知,当 $\|A^{-1}\|\cdot\|\delta A\|<1$ 时,扰动对解的影响与量 $\|A\|\cdot\|A^{-1}\|$ 有关:$\|A\|\cdot\|A^{-1}\|$ 越小,由 A(或 b)的相对误差引起解的变化(相对误差限)就越小;$\|A\|\cdot\|A^{-1}\|$ 越大,引起解的相对误差限就越大.

定义 3.6.2 称数 $\mathrm{cond}_p(A)=\|A\|_p\cdot\|A^{-1}\|_p$ 为矩阵 A 关于解方程组 $Ax=b$ 的**条件数**($p=1,2,\infty$).

利用矩阵范数的性质,可知条件数

$$\mathrm{cond}(A)=\|A\|\cdot\|A^{-1}\|\geqslant\|AA^{-1}\|=\|E\|=1.$$

由式(3.6.1)知,可用条件数的大小来刻画方程组的病态性质. cond(A)相对较大时,方程组是病态的. cond(A)越大,方程组病态越严重;cond(A)较小时,方程组是良态的. 一般若 cond(A)>50,方程组就是病态的.

设 x 是 $Ax=b$ 的准确解,$\tilde{x}$为 $Ax=b$ 的近似解,令向量 $r=b-A\tilde{x}$,下面用向量 r 的大小来估计近似解$\tilde{x}$的精度.

定理 3.6.1 设 $r=b-A\tilde{x}$,则下列不等式成立:

$$\frac{\|x-\tilde{x}\|}{\|x\|}\leqslant\mathrm{cond}(A)\cdot\frac{\|r\|}{\|b\|}. \tag{3.6.4}$$

证明 因为

$$Ax=b,r=b-A\tilde{x},$$

所以

$$A(x-\tilde{x})=r,x-\tilde{x}=A^{-1}r,$$

$$\|x-\tilde{x}\|\leqslant\|A^{-1}\|\cdot\|r\|.$$

又由 $b=Ax$ 得

$$\|b\|\leqslant\|A\|\cdot\|x\|,\frac{1}{\|x\|}\leqslant\frac{\|A\|}{\|b\|},$$

从而可得 $\dfrac{\|x-\tilde{x}\|}{\|x\|}\leqslant\mathrm{cond}(A)\cdot\dfrac{\|r\|}{\|b\|}$.

这个定理告诉人们,当方程组 $Ax=b$ 是良态方程组时,可用 $\|r\|$ 来估计近似解的误差. 如果 $\|r\|$ 很小,就认为$\tilde{x}$的精度高. 当方程组是病态时,这样估计不可靠,因为 cond(A)很大.

习题 3

1. 在 $\mathbf{R}^2$ 中用图表示下面的点集,并指出它们的共同性质:

$S_1=\{\boldsymbol{x}|\boldsymbol{x}\in\mathbf{R}^2,且\|\boldsymbol{x}\|_1\leqslant 1\}$；$S_2=\{\boldsymbol{x}|\boldsymbol{x}\in\mathbf{R}^2,且\|\boldsymbol{x}\|_2\leqslant 1\}$；
$S_3=\{\boldsymbol{x}|\boldsymbol{x}\in\mathbf{R}^2,且\|\boldsymbol{x}\|_\infty\leqslant 1\}$.

2. 设$\boldsymbol{A}=\begin{pmatrix}4 & -3\\ -1 & 6\end{pmatrix}$，求$\|\boldsymbol{A}\|_1,\|\boldsymbol{A}\|_2,\|\boldsymbol{A}\|_\infty$.

3. 设$\boldsymbol{x}\in\mathbf{R}^n$，试证：

(1) $\|\boldsymbol{x}\|_2\leqslant\|\boldsymbol{x}\|_1\leqslant\sqrt{n}\|\boldsymbol{x}\|_2$；

(2) $\|\boldsymbol{x}\|_\infty\leqslant\|\boldsymbol{x}\|_1\leqslant n\|\boldsymbol{x}\|_\infty$；

(3) $\|\boldsymbol{x}\|_\infty\leqslant\|\boldsymbol{x}\|_2\leqslant\sqrt{n}\|\boldsymbol{x}\|_\infty$.

4. 设$\|\boldsymbol{A}\|<1$，证明：$\boldsymbol{E}\pm\boldsymbol{A}$均非奇异，并且

$$\frac{1}{1+\|\boldsymbol{A}\|}\leqslant\|(\boldsymbol{E}\pm\boldsymbol{A})^{-1}\|\leqslant\frac{1}{1-\|\boldsymbol{A}\|}.$$

5. 设$\boldsymbol{A},\boldsymbol{B}$均为非奇异矩阵，证明：$\|\boldsymbol{A}^{-1}-\boldsymbol{B}^{-1}\|\leqslant\|\boldsymbol{A}^{-1}\|\cdot\|\boldsymbol{B}^{-1}\|\cdot\|\boldsymbol{A}-\boldsymbol{B}\|$.

6. 用Jacobi迭代法求方程组

$$\begin{cases}10x_1-x_2=9,\\-x_1+10x_2-2x_3=7,\\-2x_2+10x_3=8,\end{cases}$$

的近似解$\boldsymbol{x}^{(k)}$，取初始近似值为$\boldsymbol{x}^{(0)}=(0,0,0)^{\mathrm{T}}$，要求$\|\boldsymbol{x}^{(k)}-\boldsymbol{x}^{(k-1)}\|<10^{-3}$，并讨论该方法的收敛性.

7. 用Gauss-Seidel迭代法求方程组

$$\begin{cases}8x_1-3x_2+2x_3=20\\4x_1+11x_2-x_3=33\\6x_1+3x_2+12x_3=36\end{cases}$$

的近似解$\boldsymbol{x}^{(k)}$，取初始近似值为$\boldsymbol{x}^{(0)}=(0,0,0)^{\mathrm{T}}$，要求$\|\boldsymbol{x}^{(k)}-\boldsymbol{x}^{(k-1)}\|<10^{-3}$，并讨论该方法的收敛性.

8. 用Jacobi和Gauss-Seidel迭代法求方程组

(1) $\begin{cases}-8x_1+x_2+x_3=1,\\x_1-5x_2+x_3=16,\\x_1+x_2-4x_3=7;\end{cases}$　(2) $\begin{cases}2x_1+x_2-x_3=1,\\x_1+2x_2-x_3=16,\\-x_1-x_2+2x_3=1.\end{cases}$

的近似解$\boldsymbol{x}^{(k)}$，取初始近似值为$\boldsymbol{x}^{(0)}=(0,0,0)^{\mathrm{T}}$，进行5次迭代，讨论方法的收敛性，并比较哪种迭代方法收敛较快.

9. 用Jacobi迭代法解方程组

$$\begin{cases}x_1-4x_2+2x_3=9,\\4x_1-x_2=3,\\2x_2+4x_3=6,\end{cases}$$

是否收敛？如不收敛，能否改变方程的排列顺序使得Jacobi迭代法收敛？

10. 设线性方程组 $\boldsymbol{Ax}=\boldsymbol{b}$ 的系数矩阵 $\boldsymbol{A}$ 为

(1) $\begin{pmatrix} 1 & 0 & 1 \\ -1 & 1 & 0 \\ 1 & 2 & -3 \end{pmatrix}$； (2) $\begin{pmatrix} 1 & 0.5 & 0.5 \\ 0.5 & 1 & 0.5 \\ 0.5 & 0.5 & 1 \end{pmatrix}$.

试证：对矩阵(1)Jacobi 迭代法收敛而 Gauss-Seidel 迭代法不收敛，而对矩阵(2)正好相反.

11. 以 $\boldsymbol{A}=\begin{pmatrix} 3 & 2 & 2 \\ 0 & 2 & 1 \\ 1 & 0 & 2 \end{pmatrix}$ 为例说明“严格对角占优阵对 $\boldsymbol{Ax}=\boldsymbol{b}$ 用 GS 方法收敛”仅仅是必要条件.

12. 用 Gauss 消去法和列主元素消元法解下列线性代数方程组：

(1) $\begin{cases} 2x_1-x_2+3x_3=1, \\ 4x_1-2x_2+5x_3=4, \\ x_1+2x_2=7; \end{cases}$ (2) $\begin{cases} 3x_1-x_2+3x_3=-3, \\ x_1+x_2+x_3=-4, \\ 2x_1+x_2-x_3=-3. \end{cases}$

13. 用追赶法求解下列方程组

$$\begin{pmatrix} 2 & 1 & 0 & 0 \\ 1 & 4 & 1 & 0 \\ 0 & 1 & 4 & 1 \\ 0 & 0 & 1 & 4 \end{pmatrix}\begin{pmatrix} x_1 \\ x_2 \\ x_3 \\ x_4 \end{pmatrix}=\begin{pmatrix} 1 \\ -2 \\ 2 \\ -3 \end{pmatrix}.$$

14. 用平方根法求解方程组

$$\begin{pmatrix} 2 & 1 & 1 \\ 1 & 3 & 1 \\ 1 & 1 & 2 \end{pmatrix}\begin{pmatrix} x_1 \\ x_2 \\ x_3 \end{pmatrix}=\begin{pmatrix} 3 \\ 0 \\ 4 \end{pmatrix}.$$

15. 用 Gauss 消元法求下列矩阵的行列式

$$\boldsymbol{A}=\begin{pmatrix} 2 & -1 & 1 \\ 3 & 3 & 9 \\ 3 & 3 & 5 \end{pmatrix},$$

并计算 $\boldsymbol{A}$ 的 1—条件数 $\mathrm{cond}_1(\boldsymbol{A})$.

16. 取松弛因子 $\omega=1.46$，用 SOR 方法求解线性方程组

$$\begin{cases} 2x_1-x_2=1, \\ x_1-2x_2+x_3=0, \\ -x_2+2x_3=1.8. \end{cases}$$

(取初始向量 $\boldsymbol{x}^{(0)}=(1,1,1)^{\mathrm{T}}$ 迭代 3 次)

第 4 章 插值与拟合

在生产实践和科学研究中，经常要研究变量之间的函数关系 $y=f(x)$，若 $f(x)$ 的表达式相当复杂或者虽然可以断定 $y=f(x)$ 在区间 $[a,b]$ 上存在且连续，但却难以找到它的解析表达式，只能通过实验或观测得到函数 $f(x)$ 在 $[a,b]$ 上有限个点处的函数值（即一张函数表）. 显然利用这张函数表来分析研究函数的性态，甚至直接求出其他一些点处的函数值是非常困难的.

面对这些情况，人们希望通过已知的数据，构造一个简单的函数 $P(x)$ 去近似表示 $f(x)$，从而将研究 $f(x)$ 的问题转化为研究函数 $P(x)$ 的问题. 当近似的条件或者要求不同时，就构成了函数的插值与拟合.

§4.1　插值的基本概念

插值法是一种古老却常用的方法，也是许多数值方法，如数值积分、数值微分、微分方程的数值解法等的理论基础.

已知函数 $f(x)$ 在闭区间 $[a,b]$ 上 $n+1$ 个互异点 $x_0,x_1,\cdots,x_n$ 处的函数值 $f_i=f(x_i)$ $(i=0,1,2,\cdots,n)$，构造一个简单函数 $P(x)\approx f(x)$，要求 $P(x_i)=f(x_i)=f_i(i=0,1,2,\cdots,n)$. 这个问题称为**插值问题**，求 $P(x)$ 的方法称为**插值法**. 若 $P(x)$ 存在，$P(x)$ 称为 $f(x)$ 的**插值函数**，$f(x)$ 称为**被插函数**，点 $x_0,x_1,\cdots,x_n$ 称为**插值节点**，$P(x_i)=f(x_i)=f_i(i=0,1,2,\cdots,n)$ 称为**插值条件**.

常见的插值函数 $P(x)$ 有多项式函数、有理分式函数、三角函数等. 本书只讨论 $P(x)$ 为多项式函数的情形，这种插值又称为代数插值.

本章主要介绍代数插值中的 Lagrange 插值、Newton 插值、Hermite 插值、分段低次插值和三次样条插值等内容.

§4.2　Lagrange 插值

代数插值问题：已知函数 $f(x)$ 在闭区间 $[a,b]$ 上 $n+1$ 个互异点 $x_0,x_1,\cdots,x_n$ 处的函

数值 $f_i=f(x_i)(i=0,1,2,\cdots,n)$，构造一个次数不超过 n 的多项式函数 $P_n(x)\approx f(x)$，要求

$$P_n(x_i)=f(x_i)=f_i\quad(i=0,1,2,\cdots,n).$$

这样的插值多项式是否存在？如果存在又是否唯一？

4.2.1 插值多项式的存在性与唯一性

次数不超过 n 的多项式 $P_n(x)$ 可表示为：

$$P_n(x)=a_0+a_1x+a_2x^2+\cdots+a_{n-1}x^{n-1}+a_nx^n,$$

其中，$a_0,a_1,a_2,\cdots,a_{n-1},a_n$ 为待定系数. 构造 $P_n(x)$，就是根据插值条件确定待定常数 a_i $(i=0,1,2,\cdots,n)$.

由插值条件可得

$$\begin{cases}a_0+a_1x_0+a_2x_0^2+\cdots+a_{n-1}x_0^{n-1}+a_nx_0^n=f_0,\\ a_0+a_1x_1+a_2x_1^2+\cdots+a_{n-1}x_1^{n-1}+a_nx_1^n=f_1,\\ \qquad\vdots\\ a_0+a_1x_n+a_2x_n^2+\cdots+a_{n-1}x_n^{n-1}+a_nx_n^n=f_n.\end{cases}$$

这是一个以 $a_0,a_1,a_2,\cdots,a_{n-1},a_n$ 为未知数的 $n+1$ 元线性方程组，该方程组的系数行列式是一个 $n+1$ 阶 Vandermonde 行列式

$$D=\begin{vmatrix}1&x_0&x_0^2&\cdots&x_0^{n-1}&x_0^n\\1&x_1&x_1^2&\cdots&x_1^{n-1}&x_1^n\\ \vdots&\vdots&\vdots&&\vdots&\vdots\\1&x_n&x_n^2&\cdots&x_n^{n-1}&x_n^n\end{vmatrix}=\prod_{0\leqslant j<i\leqslant n}(x_i-x_j).$$

由于节点 $x_i(i=0,1,2,\cdots,n)$ 两两不等，故系数行列式 $D\neq0$. 根据线性代数的知识，上述线性方程组存在唯一解，即满足插值条件的多项式 $P_n(x)$ 存在且唯一. 只要解上述线性方程组，得到该方程组的解 $a_0,a_1,a_2,\cdots,a_{n-1},a_n$，即可得到 $P_n(x)$ 的表达式.

但问题是求解上述线性方程组时，其系数矩阵是 Vandermonde 矩阵，当 n 较大时，方程组是病态的，并且计算量大，因此不便于实际应用. 下面以待定系数法为基础，介绍简单实用的插值方法.

4.2.2 线性插值与抛物插值

遵循从易到难的研究方法，先研究低次插值，然后再研究一般的 n 次插值.

一、线性插值（$n=1$ 的情形）

最简单的多项式函数是次数不超过 1 的多项式，即线性函数，用线性函数作为插值函数即为**线性插值**.

当 $n=1$ 时，插值问题为：已知函数 $f(x)$ 在闭区间 $[a,b]$ 上 2 个互异点 x_0,x_1 处的函数值 $f_0=f(x_0)$，$f_1=f(x_1)$，求一个次数不超过 1 的多项式函数 $P_1(x)\approx f(x)$，要

求$P_1(x_0)=f_0, P_1(x_1)=f_1$.

从几何上说,$P_1(x)$即为过两点(x_0,f_0),(x_1,f_1)的一条直线,根据直线的两点式方程可得

$$\frac{P_1(x)-f_0}{x-x_0}=\frac{f_1-f_0}{x_1-x_0},$$

整理得

$$P_1(x)=f_0\frac{x-x_1}{x_0-x_1}+f_1\frac{x-x_0}{x_1-x_0}. \tag{4.2.1}$$

记

$$l_0(x)=\frac{x-x_1}{x_0-x_1},\quad l_1(x)=\frac{x-x_0}{x_1-x_0},$$

则 $l_0(x)$,$l_1(x)$均为一次多项式,并且满足

$$l_i(x_j)=\begin{cases}1, & j=i,\\ 0, & j\neq i\end{cases}\quad (i,j=0,1),$$

从而

$$P_1(x)=f_0l_0(x)+f_1l_1(x).$$

即函数 $f(x)$在插值节点 x_0,x_1 处的线性插值(一次插值)就是过两点(x_0,f_0),(x_1,f_1)的直线 $P_1(x)$.

二、抛物插值($n=2$ 的情形)

当 $n=2$ 时,插值问题为:已知函数 $f(x)$在闭区间$[a,b]$上 3 个互异点 x_0,x_1,x_2 处的函数值 $f_i=f(x_i)(i=0,1,2)$,求一个次数不超过 2 的多项式函数 $P_2(x)\approx f(x)$,要求 $P_2(x_i)=f_i(i=0,1,2)$.

一般次数不超过 2 的多项式可以表述为 $P_2(x)=a_0+a_1x+a_2x^2$,a_0,a_1,a_2 为待定常数,其几何图像为一条抛物线,故二次插值又称为**抛物插值**. 由插值条件可得三元线性方程组

$$\begin{cases}a_0+a_1x_0+a_2x_0^2=f_0,\\ a_0+a_1x_1+a_2x_1^2=f_1,\\ a_0+a_1x_2+a_2x_2^2=f_2.\end{cases}$$

解此线性方程组,求出 a_0,a_1,a_2,即可得抛物插值函数 $P_2(x)$. 但这种方法得到的 $P_2(x)$的表达式并不简单明了,也不方便推广. 下面换一种推导方法. 设

$$P_2(x)=A(x-x_1)(x-x_2)+B(x-x_0)(x-x_2)+C(x-x_0)(x-x_1),$$

其中,A,B,C 为待定常数.

显然 $P_2(x)$是次数不超过 2 的多项式,由插值条件 $P_2(x_i)=f_i(i=0,1,2)$,可得

$$A=\frac{f_0}{(x_0-x_1)(x_0-x_2)},\quad B=\frac{f_1}{(x_1-x_0)(x_1-x_2)},\quad C=\frac{f_2}{(x_2-x_0)(x_2-x_1)}.$$

从而

$$P_2(x)=f_0\frac{(x-x_1)(x-x_2)}{(x_0-x_1)(x_0-x_2)}+f_1\frac{(x-x_0)(x-x_2)}{(x_1-x_0)(x_1-x_2)}+f_2\frac{(x-x_0)(x-x_1)}{(x_2-x_0)(x_2-x_1)}. \tag{4.2.2}$$

记

$$l_0(x)=\frac{(x-x_1)(x-x_2)}{(x_0-x_1)(x_0-x_2)},l_1(x)=\frac{(x-x_0)(x-x_2)}{(x_1-x_0)(x_1-x_2)},\ l_2(x)=\frac{(x-x_0)(x-x_1)}{(x_2-x_0)(x_2-x_1)},$$

则 $l_0(x),l_1(x),l_2(x)$均为 2 次多项式，并且满足

$$l_i(x_j)=\begin{cases}1, & j=i,\\ 0, & j\neq i\end{cases}\quad (i,j=0,1,2),$$

从而

$$P_2(x)=f_0l_0(x)+f_1l_1(x)+f_2l_2(x).$$

即函数 $f(x)$在插值节点 x_0,x_1,x_2 处的抛物插值(二次插值)就是过三点(x_0,f_0)，(x_1,f_1)，(x_2,f_2)的抛物线 $P_2(x)$.

4.2.3 n 次 Lagrange 插值

现在来推导一般的 n 次插值多项式 $P_n(x)$. 受线性插值与抛物插值的启发，先构造一组满足以下条件的函数 $l_i(x)(i=0,1,2,\cdots,n)$：

(1) $l_i(x)$为 n 次多项式；

(2) $l_0(x),l_1(x),\cdots,l_n(x)$线性无关；

(3) $l_i(x_j)=\begin{cases}1, & j=i,\\ 0, & j\neq i\end{cases}\quad (i,j=0,1,2,\cdots,n).$

如果这组函数 $l_i(x)(i=0,1,2,\cdots,n)$存在，那么所求的 n 次插值多项式即为

$$P_n(x)=\sum_{i=0}^{n}f_il_i(x).$$

$P_n(x)$称为 **Lagrange 插值多项式**. $l_0(x),l_1(x),\cdots,l_n(x)$称为 **Lagrange 插值基函数**.

设 $l_i(x)=A_i\prod\limits_{\substack{j=0\\ j\neq i}}^{n}(x-x_j)$，其中，$A_i(i=0,1,2,\cdots,n)$为待定常数.

显然 $l_i(x)$是 n 次多项式，并满足 $l_i(x_j)=0,j\neq i$. 由 $l_i(x_i)=1$，可得 $A_i=\prod\limits_{\substack{j=0\\ j\neq i}}^{n}\dfrac{1}{x_i-x_j}$，

从而

$$l_i(x)=\prod_{\substack{j=0\\ j\neq i}}^{n}\frac{x-x_j}{x_i-x_j}\quad (i=0,1,2,\cdots,n). \tag{4.2.3}$$

$l_0(x), l_1(x), \cdots, l_n(x)$的线性无关性留给读者自证.

所求的 n 次 Lagrange 插值多项式

$$P_n(x) = \sum_{i=0}^{n} f_i l_i(x) = \sum_{i=0}^{n} f_i \left(\prod_{\substack{j=0 \\ j \neq i}}^{n} \frac{x - x_j}{x_i - x_j} \right). \tag{4.2.4}$$

根据线性代数的知识,所有次数不超过 n 的多项式构成的集合 $P_n[x]$是一个线性空间,线性空间的基不唯一,$1, x, x^2, \cdots, x^n$ 是 $P_n[x]$的一组基,Lagrange 插值基函数 $l_0(x)$, $l_1(x), \cdots, l_n(x)$也是 $P_n[x]$的一组基.在相同条件下,求出的 $P_n(x) = a_0 + a_1 x + a_2 x^2 + \cdots + a_n x^n$ 与 $P_n(x) = \sum_{i=0}^{n} f_i l_i(x)$ 只是同一个多项式在不同基下的表达式.

例 4.1 已知$\sqrt{100}=10$, $\sqrt{121}=11$, $\sqrt{144}=12$,分别用线性插值和抛物插值(二次插值)求$\sqrt{130}$的近似值.

解 设 $x_0=100, x_1=121, x_2=144$,则 $f_0=10, f_1=11, f_2=12$.

(1) 线性插值.

由于$121<130<144$,故以 x_1, x_2 为节点,所求线性插值多项式为

$$P_1(x) = 11 \times \frac{x-144}{121-144} + 12 \times \frac{x-121}{144-121} = -\frac{11}{23}(x-144) + \frac{12}{23}(x-121),$$

故 $\sqrt{130} \approx P_1(130) = \dfrac{262}{23} \approx 11.3913$.

(2) 抛物插值.

由式(4.2.2)得抛物插值多项式

$$\begin{aligned} P_2(x) &= 10 \times \frac{(x-121)(x-144)}{(100-121)(100-144)} + 11 \times \frac{(x-100)(x-144)}{(121-100)(121-144)} \\ &\quad + 12 \times \frac{(x-100)(x-121)}{(144-100)(144-121)} \\ &= 0.01082(x-121)(x-144) - 0.02277(x-100)(x-144) \\ &\quad + 0.01186(x-100)(x-121), \end{aligned}$$

故 $\sqrt{130} \approx P_2(130) \approx 11.4023$.

n 次 Lagrange 插值多项式,随着 n 的不同,基函数 $l_i(x)$的个数不同,表达式的复杂程度也不同.如果已经得到 $n-1$ 次 Lagrange 插值多项式 $P_{n-1}(x)$的表达式,要求 n 次 Lagrange 插值多项式 $P_n(x)$的表达式,那么对 $P_n(x)$的来讲,$P_{n-1}(x)$是前功尽弃,也就是说 Lagrange 插值对 n 没有承袭性.

4.2.4 插值余项

插值多项式 $P_n(x)$作为函数 $f(x)$的近似表达式,它与被插函数之间存在误差,记 $R_n(x)=f(x)-P_n(x)$,称为插值多项式 $P_n(x)$的**插值余项**.

在插值节点 x_i 处,$R(x_i)=0(i=0,1,2,\cdots,n)$,那么在其他点处呢?

定理 4.2.1 设 $f(x)$在$[a,b]$上 $n+1$ 阶可导，$P_n(x)$是以$[a,b]$上 $n+1$ 个互异点 x_0，$x_1,\cdots,x_n$ 为插值节点的 $f(x)$的插值多项式，则 $\forall x\in[a,b]$，插值余项

$$R_n(x)=\frac{f^{(n+1)}(\xi)}{(n+1)!}\prod_{j=0}^{n}(x-x_j), \tag{4.2.5}$$

其中，$\min(x_0,x_1,\cdots,x_n,x)<\xi<\max(x_0,x_1,\cdots,x_n,x)$.

证明 因为 $x_0,x_1,\cdots,x_n$ 为插值节点，$R(x_i)=0(i=0,1,2,\cdots,n)$，所以

$$R_n(x)=K(x)\prod_{j=0}^{n}(x-x_j),$$

其中，$K(x)$为待定函数. 只要给出 $K(x)$的表达式，就可得到 $R_n(x)$的表达式. 为此，作辅助函数

$$\varphi(t)=f(t)-P_n(t)-K(x)\prod_{j=0}^{n}(t-x_j),$$

则 $\forall x\in[a,b]$，$\varphi(x)=0$，显然 $\varphi(x_i)=0(i=0,1,2,\cdots,n)$. 即 $\varphi(t)$在$[a,b]$上有 $n+2$ 个零点，由 Rolle 中值定理(在一个函数的两个零点之间，至少有它的一阶导数的一个零点)，$\varphi'(t)$在(a,b)内至少有 $n+1$ 个零点；再用 Rolle 中值定理得 $\varphi''(t)$在(a,b)内至少有 n 个零点. 依次类推，$\varphi^{(n+1)}(t)$在(a,b)内至少有 1 个零点 ξ，即

$$\varphi^{(n+1)}(\xi)=0,$$

又因为

$$\varphi^{(n+1)}(t)=f^{(n+1)}(t)-(n+1)!K(x),$$

因而

$$K(x)=\frac{f^{(n+1)}(\xi)}{(n+1)!},$$

所以

$$R_n(x)=\frac{f^{(n+1)}(\xi)}{(n+1)!}\prod_{j=0}^{n}(x-x_j),$$

$$\min(x_0,x_1,\cdots,x_n,x)<\xi<\max(x_0,x_1,\cdots,x_n,x).$$

当 $n=1$ 时，线性插值多项式 $P_1(x)$的余项

$$R_1(x)=\frac{f''(\xi)}{2!}(x-x_0)(x-x_1),\quad \min(x_0,x_1,x)<\xi<\max(x_0,x_1,x).$$

当 $n=2$ 时，抛物插值(二次插值)多项式 $P_2(x)$的余项

$$R_2(x)=\frac{f'''(\xi)}{3!}(x-x_0)(x-x_1)(x-x_2),\min(x_0,x_1,x_2,x)<\xi<\max(x_0,x_1,x_2,x).$$

> **注意**　式(4.2.5)仅在 $f^{(n+1)}(x)$ 存在时才能使用. 另外只知道 ξ 存在，而不知道 ξ 的具体值，因此在实际应用时，通常是对 $|R_n(x)|$ 作一个估计，求出截断误差限.

如果在 $[a,b]$ 上，$|f^{(n+1)}(x)|\leqslant M$，则

$$|R_n(x)|\leqslant\frac{M}{(n+1)!}\prod_{j=0}^{n}|x-x_j|\leqslant\frac{M}{(n+1)!}\max_{a\leqslant x\leqslant b}\prod_{j=0}^{n}|x-x_j|. \tag{4.2.6}$$

例 4.2　估计例 4.1 中线性插值和二次插值的误差.

解　例 4.1 中 $f(x)=\sqrt{x}$，$f'(x)=\frac{1}{2}x^{-\frac{1}{2}}$，$f''(x)=-\frac{1}{4}x^{-\frac{3}{2}}$，$f'''(x)=\frac{3}{8}x^{-\frac{5}{2}}$，

在闭区间 $[100,144]$ 上，$|f''(x)|\leqslant\frac{1}{4}\times(100)^{-\frac{3}{2}}=0.25\times10^{-3}$，

$$|f'''(x)|\leqslant\frac{3}{8}\times(100)^{-\frac{5}{2}}=0.375\times10^{-5},$$

因此 $|R_1(130)|\leqslant\frac{1}{2}\times0.25\times10^{-3}|(130-121)(130-144)|=0.015\,75$，

$$|R_2(130)|\leqslant\frac{1}{6}\times0.375\times10^{-5}|(130-100)(130-121)(130-144)|=0.002\,36.$$

§4.3　差商与 Newton 插值多项式

Newton 插值所要解决的问题与 Lagrange 插值所解决的问题相同. Lagrange 插值多项式简单，有规律，但是它对 n 没有承袭性. Newton 插值多项式就是为了克服 Lagrange 插值多项式的缺点而构造的对 n 具有承袭性的插值多项式.

为更好地介绍 Newton 插值多项式，首先介绍差商的概念.

4.3.1　差商的定义与性质

一、差商的定义

定义 4.3.1　已知函数 $f(x)$ 在闭区间 $[a,b]$ 上 $n+1$ 个互异点 $x_0,x_1,\cdots,x_n$ 处的函数值 $f_i=f(x_i)(i=0,1,2,\cdots,n)$，定义

$f(x_0,x_1)=\dfrac{f(x_0)-f(x_1)}{x_0-x_1}$ 为 $f(x)$ 在点 x_0,x_1 处的**一阶差商**；

$f(x_1,x_2)=\dfrac{f(x_1)-f(x_2)}{x_1-x_2}$ 为 $f(x)$ 在点 x_1,x_2 处的一阶差商；

$f(x_0,x_1,x_2)=\dfrac{f(x_0,x_1)-f(x_1,x_2)}{x_0-x_2}$ 为 $f(x)$ 在点 x_0,x_1,x_2 处的**二阶差商**；

⋮

$f(x_0,x_1,\cdots,x_n)=\dfrac{f(x_0,x_1,x_2,\cdots,x_{n-1})-f(x_1,x_2,\cdots,x_{n-1},x_n)}{x_0-x_n}$为$f(x)$在点$x_0$，$x_1,\cdots,x_n$处的 **$n$ 阶差商**.

规定$f(x_0)$为$f(x)$在x_0点处的**零阶差商**.

根据差商的定义，k 阶差商为两个 $k-1$ 阶差商的差商，两个 $k-1$ 阶差商中，节点除一个不同外，其余节点相同，且分母恰为这两个不同节点之差. 另外，计算高阶差商要用到前面的低阶差商. 为清楚地计算出各阶差商，常把各阶差商放在一个表中，称为**差商表**.

x	$f(x)$	一阶差商	二阶差商	三阶差商	…
x_0	$f(x_0)$	$f(x_0,x_1)$	$f(x_0,x_1,x_2)$	$f(x_0,x_1,x_2,x_3)$	…
x_0	$f(x_1)$	$f(x_1,x_2)$	$f(x_1,x_2,x_3)$		
⋮	⋮	⋮		⋮	
x_{n-1}	$f(x_{n-1})$	$f(x_{n-1},x_n)$	⋮		
x_n	$f(x_n)$				

二、差商的性质

性质 1 k 阶差商$f(x_0,x_1,\cdots,x_k)$是函数值$f(x_0),f(x_1),\cdots,f(x_k)$的线性组合，且$f(x_0,x_1,\cdots,x_k)=\sum_{i=0}^{k}C_if(x_i)$，其中，$C_i=\prod_{\substack{j=0\\j\neq i}}^{k}\dfrac{1}{x_i-x_j}\ (i=0,1,2,\cdots,n)$.

该性质可用定义和数学归纳法来证(略).

性质 2 差商具有对称性，即在 k 阶差商$f(x_0,x_1,\cdots,x_k)$中任意调换x_i,x_j的顺序，其值不变.

例如
$$f(x_1,x_2,x_3,x_4)=f(x_4,x_3,x_2,x_1).$$

证明 由性质 1，改变x_i,x_j的顺序，仅改变求和的顺序，其值不变.

性质 3 如果$f(x,x_0,\cdots,x_k)$是x的m次多项式，那么$f(x,x_0,\cdots,x_k,x_{k+1})$是$x$的$m-1$次多项式.

证明 因为$f(x,x_0,x_1,\cdots,x_k,x_{k+1})=\dfrac{f(x,x_0,x_1,\cdots,x_k)-f(x_0,x_1,\cdots,x_k,x_{k+1})}{x-x_{k+1}}$

当$x=x_{k+1}$时，由差商的对称性，有$f(x_{k+1},x_0,\cdots,x_k)-f(x_0,x_1,\cdots,x_k,x_{k+1})=0$，所以$x$的$m$次多项式$f(x,x_0,x_1,\cdots,x_k,)-f(x_0,x_1,\cdots,x_{k+1})$含有$x-x_{k+1}$的因式，即

$$f(x,x_0,x_1,\cdots,x_k,)-f(x_0,x_1,\cdots,x_{k+1})=(x-x_{k+1})P_{m-1}(x),$$

其中，$P_{m-1}(x)$是x的$m-1$次多项式，所以$f(x,x_0,x_1,\cdots,x_k,x_{k+1})=P_{m-1}(x)$是$x$的$m-1$次多项式.

推论 n次多项式$P_n(x)$的k阶差商，当$k\leqslant n$时是一个$n-k$次多项式，当$k>n$时恒为 0.

性质 4 设 $f(x)$ 在闭区间 $[a,b]$ 上 n 阶可导，则至少存在一点 ξ，使

$$f(x_0,x_1,\cdots,x_n)=\frac{f^{(n)}(\xi)}{n!}\quad (a<\xi<b).$$

此性质稍后再证.

有了差商的定义与一些基本性质后，可导出 $f(x)$ 的代数插值的另外形式——Newton 插值多项式.

4.3.2 Newton 插值多项式

$\forall x\in[a,b], x\neq x_i(i=0,1,2,\cdots,n)$ 由差商的定义可得

$$f(x,x_0)=\frac{f(x)-f(x_0)}{x-x_0},$$

$$f(x)=f(x_0)+f(x,x_0)(x-x_0),\tag{1}$$

$$f(x,x_0,x_1)=\frac{f(x,x_0)-f(x_0,x_1)}{x-x_1},$$

$$f(x,x_0)=f(x_0,x_1)+f(x,x_0,x_1)(x-x_1),\tag{2}$$

$$f(x,x_0,x_1,x_2)=\frac{f(x,x_0,x_1)-f(x_0,x_1,x_2)}{x-x_2},$$

$$f(x,x_0,x_1)=f(x_0,x_1,x_2)+f(x,x_0,x_1,x_2)(x-x_2),\tag{3}$$

依此类推，可得

$$f(x,x_0,x_1,\cdots,x_{n-2})=f(x_0,x_1,\cdots,x_{n-1})+f(x,x_0,\cdots,x_{n-1})(x-x_{n-1}),\tag{n}$$

$$f(x,x_0,\cdots,x_n)=\frac{f(x,x_0,\cdots,x_{n-1})-f(x_0,x_1,\cdots,x_n)}{x-x_n},$$

$$f(x,x_0,\cdots,x_{n-1})=f(x_0,x_1,\cdots,x_n)+f(x,x_0,\cdots,x_n)(x-x_n),\tag{n+1}$$

式(1)＋式(2)×$(x-x_0)$＋式(3)×$(x-x_0)(x-x_1)$＋…＋式$(n+1)$×$(x-x_0)(x-x_1)\cdots(x-x_{n-1})$，并约去相同的项，得

$$\begin{aligned}f(x)=&f(x_0)+f(x_0,x_1)(x-x_0)+f(x_0,x_1,x_2)(x-x_0)(x-x_1)\\&+\cdots+f(x_0,x_1,\cdots,x_n)(x-x_0)(x-x_1)\cdots(x-x_{n-1})\\&+f(x,x_0,\cdots,x_n)(x-x_0)(x-x_1)\cdots(x-x_n).\end{aligned}$$

记

$$\begin{aligned}N_n(x)=&f(x_0)+f(x_0,x_1)(x-x_0)+f(x_0,x_1,x_2)(x-x_0)(x-x_1)+\cdots\\&+f(x_0,x_1,\cdots,x_n)(x-x_0)(x-x_1)\cdots(x-x_{n-1}),\end{aligned}\tag{4.3.1}$$

$$R_n(x)=f(x,x_0,\cdots,x_n)(x-x_0)(x-x_1)\cdots(x-x_n).\tag{4.3.2}$$

则

$$f(x)=N_n(x)+R_n(x).$$

显然 $N_n(x)$是一个次数不超过 n 的多项式，下面证明它就是 $f(x)$的 n 次插值多项式，$R_n(x)$是它的余项.

为此，只需证明 $N_n(x_i)=f(x_i)(i=0,1,2,\cdots,n)$.

利用插值问题的唯一性，只要证明 Lagrange 插值多项式 $P_n(x)=N_n(x)$即可. 上面推导 $f(x)=N_n(x)+R_n(x)$时，对任意函数 $f(x)$都成立，当 $f(x)$为次数不超过 n 的多项式时，由差商的性质 3 的推论知，n 次多项式的 $n+1$ 阶差商

$$f(x,x_0,\cdots,x_n)=0,$$

故余项 $R_n(x)=0$，从而 $f(x)=N_n(x)$.

特别，对 $f(x)$的 n 次 Lagrange 插值多项式 $P_n(x)$，当然也有 $P_n(x)=N_n(x)$. 从而 $N_n(x_i)=P_n(x_i)=f(x_i)(i=0,1,\cdots,n)$，因此 $N_n(x)$就是 $f(x)$的 n 次插值多项式，称为 **Nenton 插值多项式**，$R_n(x)=f(x,x_0,\cdots,x_n)\prod_{j=0}^{n}(x-x_j)$ 是它的余项.

因为 $N_n(x)=P_n(x)$，所以 $f(x)-N_n(x)=f(x)-P_n(x)$，即

$$f(x,x_0,\cdots,x_n)\prod_{j=0}^{n}(x-x_j)=\frac{f^{(n+1)}(\xi)}{(n+1)!}\prod_{j=0}^{n}(x-x_j).$$

由此得到差商与导数的关系(性质 4)：

$$f(x,x_0,\cdots,x_n)=\frac{f^{(n+1)}(\xi)}{(n+1)!}\ (a<\xi<b). \tag{4.3.3}$$

由于

$$N_1(x)=f(x_0)+f(x_0,x_1)(x-x_0),$$

$$\begin{aligned}N_2(x)&=f(x_0)+f(x_0,x_1)(x-x_0)+f(x_0,x_1,x_2)(x-x_0)(x-x_1)\\&=N_1(x)+f(x_0,x_1,x_2)(x-x_0)(x-x_1),\end{aligned}$$

故同理

$$N_3(x)=N_2(x)+f(x_0,x_1,x_2,x_3)(x-x_0)(x-x_1)(x-x_2).$$

$$\vdots$$

$$N_n(x)=N_{n-1}(x)+f(x_0,x_1,\cdots,x_n)(x-x_0)(x-x_1)\cdots(x-x_{n-1}).$$

可见 Newton 插值多项式克服了 Lagrange 插值多项式的缺点，是对 n 具有承袭性的插值多项式.

例 4.3 已知函数 $f(x)$的一组数据如下：

x	-2	0	1	2
$f(x)$	1	-1	2	4

求 $f(x)$的 3 次 Newton 插值多项式 $N_3(x)$，并由此求 $f(-1.5)$的近似值.

解　先作造差商表：

x	$f(x)$	一阶差商	二阶差商	三阶差商
-2	1	-1	$\frac{4}{3}$	$-\frac{2}{5}$
0	-1	3	$-\frac{2}{3}$	
1	2	1		
3	4			

则
$$N_3(x)=1-(x+2)+\frac{4}{3}x(x+2)-\frac{2}{5}x(x+2)(x-1),$$
$$f(-1.5)\approx N_3(-1.5)=-1.25.$$

§4.4　差分与等距节点的 Newton 插值多项式

前面讨论的插值多项式，插值节点是任意分布的互异节点. 但是在实际应用中经常会遇到等距节点的情形. 不妨设等距节点为 $x_i=x_0+ih\ (i=0,1,\cdots,n)$，$h$ 称为步长，记 $f_i=f(x_i)(i=0,1,\cdots,n)$. 为探讨等距节点的 Newton 插值多项式，下面先给出差分的概念.

4.4.1　差分的概念

定义 4.4.1　算式 $\Delta f_i=f_{i+1}-f_i$ 称为函数 $f(x)$ 在点 x_i 的**一阶向前差分**；

$\Delta^2 f_i=\Delta f_{i+1}-\Delta f_i$ 称为函数 $f(x)$ 在点 x_i 的**二阶向前差分**；

依此类推，$\Delta^n f_i=\Delta^{n-1}f_{i+1}-\Delta^{n-1}f_i$ 称为函数 $f(x)$ 在点 x_i 的 ***n* 阶向前差分**.

算式 $\nabla f_i=f_i-f_{i-1}$ 称为函数 $f(x)$ 在点 x_i 的**一阶向后差分**；

$\nabla^2 f_i=\nabla f_i-\nabla f_{i-1}$ 称为函数 $f(x)$ 在点 x_i 的**二阶向后差分**；

依此类推，$\nabla^n f_i=\nabla^{n-1}f_i-\nabla^{n-1}f_{i-1}$ 称为函数 $f(x)$ 在点 x_i 的 ***n* 阶向后差分**.

算式 $\delta f_i=f\left(x_i+\frac{h}{2}\right)-f\left(x_i-\frac{h}{2}\right)=f_{i+\frac{1}{2}}-f_{i-\frac{1}{2}}$ 称为函数 $f(x)$ 在点 x_i 的**一阶中心差分**；$\delta^n f_i=\delta^{n-1}f_{i+\frac{1}{2}}-\delta^{n-1}f_{i-\frac{1}{2}}$ 称为函数 $f(x)$ 在点 x_i 的 ***n* 阶中心差分**.

符号 Δ,∇,δ 统称为差分算子符号.

利用数学归纳法可以证明差商和差分有如下关系：

$$f(x_0,x_1,\cdots,x_k)=\frac{\Delta^k f_0}{k!h^k},\tag{4.4.1}$$

$$f(x_0,x_1,\cdots,x_k)=\frac{\nabla^k f_k}{k!h^k},\tag{4.4.2}$$

从而
$$\Delta^k f_0=\nabla^k f_k.\tag{4.4.3}$$

类似于差商表一样，可作**差分表**.

x	$f(x)$	Δ	Δ^2	Δ^3	$\cdots$
x_0	$f(x_0)$	Δf_0	$\Delta^2 f_0$	$\Delta^3 f_0$	$\cdots$
x_1	$f(x_1)$	Δf_1	$\Delta^2 f_1$	$\vdots$	
$\vdots$	$\vdots$	$\vdots$	$\vdots$		
x_{n-1}	$f(x_{n-1})$	Δf_{n-1}			
x_n	$f(x_n)$				

4.4.2 等距节点的 Newton 插值公式

一方面，构造 Newton 插值多项式需要计算差商，而计算差商需要做除法运算，当插值节点为等距节点时，利用差商与差分的关系，用差分代替差商可省掉除法运算. 另一方面，已知函数$f(x)$的一个函数表，去求某点的函数值的近似值（插值）时，总希望在达到一定精度的前提下尽量减少运算次数，亦即少用几个节点来计算. 显然选用的节点以靠近被插值点的为最佳，这就是等距节点插值公式的基本思想. 本章只介绍常用的 Newton 前插公式与后插公式.

一、Newton 前插公式

如果被插值点 x 位于 x_0 的附近，由于插值节点为等距节点 $x_i=x_0+ih(i=0,1,\cdots,n)$，故可设 $x=x_0+th$，则 $x-x_i=(t-i)h\ (i=0,1,\cdots,n)$.

在 Newton 插值公式(4.3.1)中用向前差分代替差商（关系式(4.4.1)），可得 Newton 前插公式

$$N_n(x_0+th)=f_0+\Delta f_0 t+\frac{\Delta^2 f_0}{2!}t(t-1)+\cdots+\frac{\Delta^n f_0}{n!}t(t-1)\cdots(t-n+1), \tag{4.4.4}$$

其余项为

$$\begin{aligned}R_n(x_0+th)&=f(x,x_0,\cdots,x_n)(x-x_0)(x-x_1)\cdots(x-x_n)\\&=\frac{f^{n+1}(\xi)}{(n+1)!}h^{n+1}t(t-1)\cdots(t-n)\quad(x_0<\xi<x_n).\end{aligned} \tag{4.4.5}$$

二、Newton 后插公式

如果被插值点 x 位于 x_n 的附近，首先将插值节点按 $x_n,x_{n-1},\cdots,x_1,x_0$ 的顺序排列，得 Newton 插值多项式

$$\begin{aligned}N_n(x)=&f(x_n)+f(x_n,x_{n-1})(x-x_n)+f(x_n,x_{n-1},x_{n-2})(x-x_n)(x-x_{n-1})+\cdots\\&+f(x_n,x_{n-1},\cdots,x_1,x_0)(x-x_n)(x-x_{n-1})\cdots(x-x_2)(x-x_1).\end{aligned} \tag{4.4.6}$$

因为插值节点 $x_{n-i}=x_0+(n-i)h=x_n-ih\ (i=0,1,\cdots,n)$,

所以设 $x=x_n+th$，则 $x-x_{n-i}=(t+i)h\ (i=0,1,\cdots,n)$.

在 Newton 插值多项式(4.4.6)中用向后差分代替差商（关系式(4.4.2)），可得 Newton 后插公式

$$N_n(x_n+th)=f_n+\nabla f_n t+\frac{\nabla^2 f_n}{2!}t(t+1)+\cdots+\frac{\nabla^n f_n}{n!}t(t+1)\cdots(t+n-1),\tag{4.4.7}$$

其余项为

$$\begin{aligned}R_n(x_n+th)&=f(x,x_0,\cdots,x_n)(x-x_n)(x-x_{n-1})\cdots(x-x_0)\\&=\frac{f^{n+1}(\xi)}{(n+1)!}h^{n+1}t(t+1)\cdots(t+n)\quad(x_0<\xi<x_n).\end{aligned}\tag{4.4.8}$$

请读者思考：如果被插值点 x 在插值节点 $x_i(1<i<n)$ 的附近，又该如何构造 Newton 插值公式去求 $f(x)$ 的近似值？

例 4.4 已知 $f(x)=\sin x$ 的一组数据如下，分别用 2 次 Newton 前插公式和 Newton 后插公式求 sin 0.578 9 的近似值，并估计误差.

x	0.4	0.5	0.6	0.7
$\sin x$	0.384 9	0.479 4	0.564 6	0.644 2

解 先作差分表.

x	$f(x)$	Δ	Δ^2	Δ^3
0.4	0.389 4	0.090 0	−0.004 8	−0.000 8
0.5	0.479 4	0.085 2	−0.005 6	
0.6	0.564 6	0.079 6		
0.7	0.644 2			

(1) Newton 前插公式.

因为 $0.5<0.578\,9<0.6$，所以取 $x_0=0.5, x_1=0.6, x_2=0.7, h=0.1$.

$$t=\frac{x-x_0}{h}=\frac{0.578\,9-0.5}{0.1}=0.789.$$

由 Newton 前插公式(4.4.4)得

$$N_2(x_0+th)=f_0+\Delta f_0 t+\frac{\Delta^2 f_0}{2!}t(t-1)=0.479\,4+0.085\,2\cdot t-0.002\,8\cdot t(t-1),$$

故

$$\begin{aligned}\sin 0.578\,9&\approx N_2(0.578\,9)\\&=0.479\,4+0.085\,2\times 0.789-0.002\,8\times 0.789\times(0.789-1)=0.547\,1,\end{aligned}$$

由式(4.4.5)得误差

$$R_2(x_0+th)=\frac{-\cos\xi}{6}t(t-1)(t-2)\times 10^{-3}\quad(0.5<\xi<0.7),$$

$$|R_2(0.5789)| \leqslant \frac{1}{6} \times |0.789 \times (0.789-1)(0.789-2)| \times 10^{-3} = 0.336 \times 10^{-4}.$$

(2) Newton 后插公式.

取 $x_2=0.6, x_1=0.5, x_0=0.4$,

$$t=\frac{x-x_2}{h}=\frac{0.5789-0.6}{0.1}=-0.211.$$

由 Newton 后插公式(4.4.7)得

$$N_2(x_2+th)=f_2+\nabla f_2 t+\frac{\nabla^2 f_2}{2!}t(t+1).$$

$$=f_2+\Delta f_1 t+\frac{\Delta^2 f_0}{2!}t(t+1) \quad \text{(根据向前差分与向后差分的关系)}$$

$$=0.5646+0.0852 \cdot t-0.0024 \cdot t(t+1),$$

故

$$\sin 0.5789 \approx N_2(0.5789)$$

$$=0.5646-0.0852\times 0.211+0.0024\times 0.211\times(-0.211+1)=0.5470,$$

由(4.4.8)得误差

$$R_2(x_2+th)=\frac{-\cos\xi}{6}t(t+1)(t+2)\times 10^{-3} \quad (0.4<\xi<0.6),$$

$$|R_2(0.5789)| \leqslant \frac{1}{6}\times|0.211\times(-0.211+1)(-0.211+2)|\times 10^{-3}=0.496\times 10^{-4}.$$

例 4.5 已知函数 $f(x)$ 的一组数据如下,试用 3 次插值多项式求 $f(0.7)$ 的近似值.

x	0.6	0.8	1.0	1.2
$f(x)$	23	20	21	24

解 插值节点为等距节点,步长 $h=0.2$, $0.6<0.7<0.8$,故选用 Newton 前插公式. 先作差分表.

x	$f(x)$	Δ	Δ^2	Δ^3
0.6	23	−3	4	−2
0.8	20	1	2	
1.0	21	3		
1.2	24			

由 Newton 前插公式(4.4.4)得

$$N_3(x_0+th)=f_0+\Delta f_0 t+\frac{\Delta^2 f_0}{2!}t(t-1)+\frac{\Delta^3 f_0}{3!}t(t-1)(t-2)$$

$$= 23 - 3t + 2t(t-1) - \frac{1}{3}t(t-1)(t-2),$$

其中，$t=\frac{x-x_0}{h}=\frac{0.7-0.6}{0.2}=0.5$，从而

$$f(0.7) \approx N_3(0.7) = 20.875.$$

§4.5 Hermite 插值

前面介绍的插值只要求插值多项式在给定点上取已知函数值. 还有一类插值，它不但要求插值多项式在给定点上取已知函数值，而且要求取已知导数值，这类插值称为 Hermite 插值.

问题：已知函数 $f(x)$ 在闭区间 $[a,b]$ 上 $n+1$ 个互异点 $x_0, x_1, \cdots, x_n$ 处的函数值 $f_i=f(x_i)$ 及一阶导数值 $f_i'=f'(x_i)(i=0,1,2,\cdots,n)$，构造一个次数不超过 $2n+1$ 次的多项式函数 $H_{2n+1}(x)\approx f(x)$，要求

$$H_{2n+1}(x_i) = f(x_i) = f_i, H'_{2n+1}(x_i) = f'(x_i) = f'_i\ (i=0,1,2,\cdots,n). \quad (4.5.1)$$

若 $H_{2n+1}(x)$ 存在，则称其为 $f(x)$ 的 **Hermite 插值多项式.**

4.5.1 $H_{2n+1}(x)$ 存在性

先用构造的方法求出 $H_{2n+1}(x)$.

类似于 Lagrange 插值多项式，首先构造基函数 $\alpha_i(x)$ 与 $\beta_i(x)$ $(i=0,1,\cdots,n)$，使其满足：

(1) $\alpha_0(x), \alpha_1(x), \cdots, \alpha_n(x), \beta_0(x), \beta_1(x), \cdots, \beta_n(x)$ 线性无关；

(2) $\alpha_0(x), \alpha_1(x), \cdots, \alpha_n(x), \beta_0(x), \beta_1(x), \cdots, \beta_n(x)$ 均为 $2n+1$ 次多项式；

(3) $\alpha_i(x_j)=\begin{cases}1, & j=i,\\ 0, & j\neq i,\end{cases}$ $\alpha_i'(x_j)=0$ $(i,j=0,1,2,\cdots,n)$；

(4) $\beta_i(x_j)=0, \beta_i'(x_j)=\begin{cases}1, & j=i,\\ 0, & j\neq i\end{cases}$ $(i,j=0,1,2,\cdots,n)$.

则

$$H_{2n+1}(x) = \sum_{i=0}^{n}[f_i\alpha_i(x) + f'_i\beta_i(x)].$$

即为满足条件(4.5.1)的 Hermite 插值多项式.

现构造基函数 $\alpha_i(x)(i=0,1,\cdots,n)$，因为 $\alpha_i(x)$ 有 n 个二重零点，所以利用 Lagrange 插值基函数，令

$$\alpha_i(x) = (a_i x + b_i)l_i^2(x).$$

则

$$\alpha'_i(x) = a_i l_i^2(x) + 2(a_i x_i + b_i)l_i(x)l'_i(x),$$

其中，$l_i(x) = \prod\limits_{\substack{j=0\\ j\neq i}}^{n} \frac{x-x_j}{x_i-x_j}$ 为 Lagrange 插值基函数，a_i, b_i 为待定常数.

当 $j \neq i$ 时，$\alpha_i(x)$ 已满足 $\alpha_i(x_j)=0, \alpha_i'(x_j)=0$.

由 $\alpha_i(x_i)=1$，$\alpha_i'(x_i)=0$，得

$$\begin{cases} a_i x_i + b_i = 1, \\ a_i + 2l'_i(x_i) = 0, \end{cases}$$

解之得 $$a_i = -2l'_i(x_i), b_i = 1 - a_i x_i = 1 + 2l'_i(x_i)x_i.$$

从而 $$\begin{aligned} \alpha_i(x) &= [-2l'_i(x_i)x + 1 + 2l'_i(x_i)x_i]l_i^2(x) \\ &= [1 - 2l'_i(x_i)(x - x_i)]l_i^2(x) \quad (i = 0,1,\cdots,n). \end{aligned} \tag{4.5.2}$$

同理可得 $$\beta_i(x) = (x - x_i)l_i^2(x) \quad (i = 0,1,\cdots,n). \tag{4.5.3}$$

从而所求 Hermite 插值多项式为

$$\begin{aligned} H_{2n+1}(x) &= \sum_{i=0}^{n} \{[1 - 2l'_i(x_i)(x - x_i)]l_i^2(x)f_i + (x - x_i)l_i^2(x)f'_i\} \\ &= \sum_{i=0}^{n} \{f_i + [f'_i - 2l'_i(x_i)f_i](x - x_i)\}l_i^2(x). \end{aligned} \tag{4.5.4}$$

特别当 $n=1$ 时，两点的 Lagrange 插值基函数为

$$l_0(x) = \frac{x - x_1}{x_0 - x_1}, \quad l_1(x) = \frac{x - x_0}{x_1 - x_0},$$

$$l'_0(x) = \frac{1}{x_0 - x_1}, \quad l'_1(x) = \frac{1}{x_1 - x_0},$$

从而两点三次的 Hermite 插值多项式为

$$\begin{aligned} H_3(x) &= \left[1 - \frac{2(x - x_0)}{x_0 - x_1}\right]\left(\frac{x - x_0}{x_0 - x_1}\right)^2 f_0 + \left[1 - \frac{2(x - x_0)}{x_1 - x_0}\right]\left(\frac{x - x_0}{x_1 - x_0}\right)^2 f_1 \\ &\quad + (x - x_0)\left(\frac{x - x_1}{x_0 - x_1}\right)^2 f'_0 + (x - x_1)\left(\frac{x - x_0}{x_1 - x_0}\right)^2 f'_1 \\ &= \frac{2x - 3x_0 + x_1}{(x_1 - x_0)^3}(x - x_1)^2 f_0 + \frac{3x_1 - 2x - x_0}{(x_1 - x_0)^3}(x - x_0)^2 f_1 \\ &\quad + \frac{(x - x_1)^2(x - x_0)}{(x_1 - x_0)^2} f'_0 + \frac{(x - x_1)(x - x_0)^2}{(x_1 - x_0)^2} f'_1. \end{aligned} \tag{4.5.5}$$

4.5.2 $H_{2n+1}(x)$ 唯一性与余项

Hermite 插值多项式 $H_{2n+1}(x)$ 是唯一的.

事实上，假设 $H_{2n+1}(x)$，$\widetilde{H}_{2n+1}(x)$ 都是满足条件(4.5.1)的 Hermite 插值多项式，令 $H(x)=H_{2n+1}(x)-\widetilde{H}_{2n+1}(x)$，则

$$H(x_i) = H_{2n+1}(x_i) - \widetilde{H}_{2n+1}(x_i) = f_i - f_i = 0,$$

$$H'(x_i) = H'_{2n+1}(x_i) - \widetilde{H}'_{2n+1}(x_i) = f'_i - f'_i = 0.$$

每个节点 $x_i(i=0,1,\cdots,n)$ 都是 $H(x)$ 的二重零点，即 $H(x)$ 有 $2n+2$ 个零点，又因为 $H(x)$

是一个次数不超过 $2n+1$ 次的多项式,由代数学理论,$H(x)\equiv 0$,即

$$H_{2n+1}(x)=\widetilde{H}_{2n+1}(x),$$

所以 Hermite 插值多项式是唯一的.

先给出三次 Hermite 插值多项式的误差表达式.

定理 4.5.1 设 $f(x)$在$[a,b]$上 4 阶可导,$H_3(x)$是以$[a,b]$上两个互异点 x_0,x_1 为插值节点的三次 Hermite 插值多项式,则$\forall x\in[a,b]$,插值余项

$$R_3(x)=f(x)-H_3(x)=\frac{f^{(4)}(\xi)}{4!}(x-x_0)^2(x-x_1)^2, \tag{4.5.6}$$

其中,$\min(x_0,x_1,x)<\xi<\max(x_0,x_1,x)$.

证明 由插值条件 $R_3(x_j)=f(x_j)-H_3(x_j)=0,$

$$R'_3(x_j)=f'(x_j)-H'_3(x_j)=0 \quad (j=0,1),$$

即 x_0,x_1 为 $R_3(x)$的二重零点,故 $R_3(x)=K(x)(x-x_0)^2(x-x_1)^2$,$K(x)$为待定函数.

作辅助函数 $\varphi(t)=f(t)-H_3(t)-K(x)(t-x_0)^2(t-x_1)^2.$

则$\forall x\in[a,b]$,$\varphi(x)=0$,显然 $\varphi(x_i)=0\ (i=0,1)$,即 $\varphi(t)$在$[a,b]$上有 3 个零点,由 Rolle 中值定理,$\varphi'(t)$在(a,b)内至少有 2 个零点,又因为 $\varphi'(x_i)=0(i=0,1)$,所以 $\varphi'(t)$在$[a,b]$上至少有 4 个零点;再用 Rolle 中值定理得 $\varphi''(t)$在(a,b)内至少有 3 个零点;依此类推,$\varphi^{(4)}(t)$在(a,b)内至少有 1 个零点 ξ,即 $\varphi^{(4)}(\xi)=0$. 又因为

$$\varphi^{(4)}(t)=f^{(n+1)}(t)-4!K(x),$$

因而

$$K(x)=\frac{f^{(4)}(\xi)}{4!},$$

所以

$$R_3(x)=\frac{f^{(4)}(\xi)}{4!}(x-x_0)^2(x-x_1)^2, \min(x_0,x_1,x)<\xi<\max(x_0,x_1,x).$$

定理 4.5.2 设 $f(x)$在$[a,b]$上 $2n+2$ 阶可导,$H_{2n+1}(x)$是以$[a,b]$上 $n+1$ 个互异点 $x_0,x_1,\cdots,x_n$ 为插值节点的 Hermite 插值多项式,则$\forall x\in[a,b]$,插值余项

$$R_{2n+1}(x)=f(x)-H_{2n+1}(x)=\frac{f^{(2n+2)}(\xi)}{(2n+2)!}\prod_{j=0}^{n}(x-x_j)^2, \tag{4.5.7}$$

其中, $\min(x_0,x_1,\cdots,x_n,x)<\xi<\max(x_0,x_1,\cdots,x_n,x).$

证明略.

例 4.6 已知函数 $f(x)=\sqrt{x}$及 $f'(x)=\dfrac{1}{2\sqrt{x}}$的数据表:

x	121	144
$f(x)$	11	12
$f'(x)$	$\frac{1}{22}$	$\frac{1}{24}$

试用三次 Hermite 插值公式计算$\sqrt{130}$的近似值.

解 将 $x_0=121,x_1=144,f_0=11,f_1=12,f_0'=\frac{1}{22},f_1'=\frac{1}{24}$代入式(4.5.5),得

$$H_3(x)=\frac{1}{23^3}[11(2x-219)(x-144)^2+12(311-2x)(x-121)^2]$$
$$+\frac{1}{23^2}\left[\frac{(x-144)^2(x-121)}{22}+\frac{(x-144)(x-121)^2}{24}\right].$$
$$\sqrt{130}\approx H_3(130)=11.4018.$$

§4.6 分段插值

4.6.1 Runge 现象

从插值余项表达式来看，似乎是插值节点越多误差越小，但事实并非如此.

考虑函数
$$f(x)=\frac{1}{1+25x^2},x\in[-1,1],$$

将区间$[-1,1]$ n 等分,取分点 $x_i=-1+ih(i=0,1,\cdots,n),h=\frac{2}{n}$为插值节点,作 n 次插值多项式 $P_n(x)\approx f(x)$. 图 4-1 分别是插值多项式 $P_5(x),P_{10}(x)$与被插函数 $f(x)$在区间$[-1,1]$上的图像.

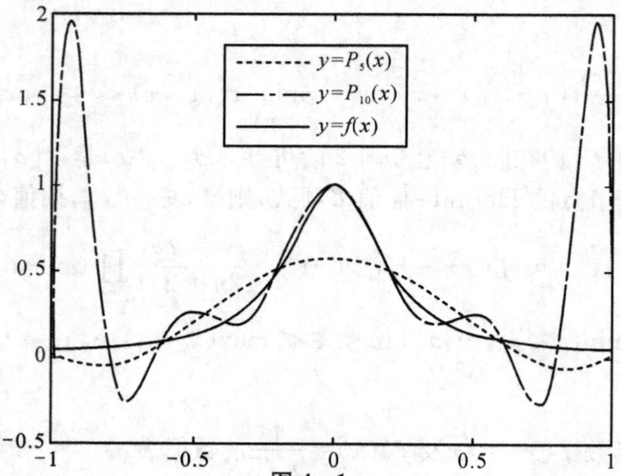

图 4-1

从图像上看，10 次插值多项式 $P_{10}(x)$的图像在区间$[-1,1]$的端点附近出现了大的震荡，逼近效果很差，这种现象称为 **Runge 现象**. 这就说明，高次插值并不一定能够提高逼近精度. 另外，即使没出现震荡现象,插值次数越高，计算也会越复杂.

鉴于高次插值的这两个缺点(震荡现象和计算复杂)，实践中高于 7 次的插值很少采

用. 当插值区间较大,节点较多时,为提高精度常采用分段低次插值,即把插值区间$[a,b]$分成n个子区间$[x_i,x_{i+1}]$($i=0,1,\cdots,n$),在每个子区间$[x_i,x_{i+1}]$上对$f(x)$作低次插值,即用分段低次插值代替整个区间上的高次插值.

4.6.2 分段线性插值

分段线性插值,就是求作一个函数$I_1(x)$,它在每个子区间$[x_i,x_{i+1}]$上是一次多项式,并且满足条件

$$I_1(x_i)=f(x_i)=f_i \quad (i=0,1,\cdots,n).$$

$I_1(x)$称为**分段线性插值函数**,其图像便是连接点$(x_0,f_0),(x_1,f_1),\cdots,(x_n,f_n)$的折线段.

已知数据(x_i,f_i)($i=0,1,\cdots,n$),不妨设

$$a\leqslant x_0<x_1<\cdots<x_{n-1}<x_n\leqslant b,$$

下面求分段线性插值函数$I_1(x)$的表达式并讨论它的误差估计.

因为在区间$[x_i,x_{i+1}]$上,$I_1(x)$是一次多项式,且$I_1(x_i)=f_i$,$I_1(x_{i+1})=f_{i+1}$,即$I_1(x)$是区间$[x_i,x_{i+1}]$上的线性插值多项式,插值节点为x_i,x_{i+1}. 由Lagrange线性插值公式得

$$I_1(x)=f_i\frac{x-x_{i+1}}{x_i-x_{i+1}}+f_{i+1}\frac{x-x_i}{x_{i+1}-x_i},x\in[x_i,x_{i+1}]\ (i=0,1,\cdots,n-1). \tag{4.6.1}$$

由函数$I_1(x)$的解析表达式易知$I_1(x)\in C[a,b]$.

由线性插值的余项可得

$$f(x)-I_1(x)=\frac{f''(\xi_i)}{2!}(x-x_i)(x-x_{i+1}),$$

$$x_i<\xi_i<x_{i+1},x\in[x_i,x_{i+1}]\ (i=0,1,\cdots,n-1).$$

记$h_i=x_{i+1}-x_i$,$h=\max\limits_{0\leqslant i\leqslant n-1}\{h_i\}$,从而有

$$\begin{aligned}|f(x)-I_1(x)|&\leqslant\frac{|f''(\xi_i)|}{2}\max_{x_i\leqslant x\leqslant x_{i+1}}|(x-x_i)(x-x_{i+1})|\\&\leqslant\frac{1}{8}h_i^2\max_{a\leqslant x\leqslant b}|f''(x)|\leqslant\frac{1}{8}h^2\max_{a\leqslant x\leqslant b}|f''(x)|.\end{aligned} \tag{4.6.2}$$

4.6.3 分段三次Hermite插值

分段线性插值函数简单但光滑性太差,仅仅是连续,为使插值函数在节点处有连续导数,即要求在节点处插值函数的一阶导数值与被插函数$f(x)$的一阶导数值相等,可作分段Hermite插值$I_3(x)$.

将三次Hermite插值多项式(4.5.5)中的节点x_0,x_1换成x_i,x_{i+1},便可得**区间$[x_i,x_{i+1}]$上三次Hermite插值多项式**

$$I_3(x)=\frac{2x-3x_i+x_{i+1}}{(x_{i+1}-x_i)^3}(x-x_{i+1})^2f_i+\frac{3x_{i+1}-2x-x_i}{(x_{i+1}-x_i)^3}(x-x_i)^2f_{i+1}$$

$$+\frac{(x-x_{i+1})^2(x-x_i)}{(x_{i+1}-x_i)^2}f'_i+\frac{(x-x_{i+1})(x-x_i)^2}{(x_{i+1}-x_i)^2}f'_{i+1},$$

$$x\in[x_i,x_{i+1}]\ (i=0,1,\cdots,n-1), \tag{4.6.3}$$

其余项 $f(x)-I_3(x)=\frac{f^{(4)}(\xi_i)}{4!}(x-x_i)^2(x-x_{i+1})^2,\quad x_i<\xi_i<x_{i+1},$

同理

$$|f(x)-I_3(x)|\leqslant\frac{|f^{(4)}(\xi_i)|}{4!}\max_{x_i\leqslant x\leqslant x_{i+1}}\{(x-x_i)^2(x-x_{i+1})^2\}\leqslant\frac{1}{384}h^4\max_{a\leqslant x\leqslant b}|f^{(4)}(x)|, \tag{4.6.4}$$

其中，$h=\max\limits_{0\leqslant i\leqslant n-1}\{h_i\}, h_i=x_{i+1}-x_i$.

§4.7 三次样条插值

前面的分段低次插值可以说很好地克服了 Runge 现象，并且表达式也很简单，但是它们的光滑性不够理想，分段线性插值只具有连续性，分段三次 Hermite 插值才是一次连续可微的. 这往往不能满足实际问题所提出的光滑性要求. 在工业设计中，对曲线的光滑性均有一定的要求，例如，在飞机、船舶、汽车等外形设计中，要求外形曲线呈流线型. 早期为设计这种具有流线型的曲线，通常采用样条这种绘图工具，它是一根富有弹性的细长木条，工程师把它用压铁固定在给定的点上，其他地方让它自由弯曲，然后描出样条的曲线. 这样画出的曲线外形美观且在已知点处转折自如，这种曲线称为样条曲线. 本节讨论最常用的三次样条曲线.

4.7.1 三次样条插值函数

定义 4.7.1 点 $a=x_0<x_1<x_2<\cdots<x_{n-1}<x_n=b$ 将区间 $[a,b]$ 分成 n 个小区间，若函数 $S(x)$ 满足：

(1) 在每个子区间 $[x_i,x_{i+1}]$ $(i=0,1,2,\cdots,n-1)$ 上 $S(x)$ 是三次多项式；

(2) $S(x)\in C^2[a,b]$，

则称 $S(x)$ 是区间 $[a,b]$ 上的**三次样条函数**.

如果对于 $f(x)\in C[a,b]$，$S(x)$ 还满足 $S(x_i)=f(x_i)$ $(i=0,1,2,\cdots,n)$，则称 $S(x)$ 为 $f(x)$ 在 $[a,b]$ 上的**三次样条插值函数**. 点 $x_0,x_1,x_2,\cdots,x_{n-1},x_n$ 称为**样条节点**，其中点 $x_1,x_2,\cdots,x_{n-1}$ 称为**内节点**，$a=x_0$，$b=x_n$ 称为**边界点**. 注意：样条节点不一定是等距的.

求 $f(x)$ 在 $[a,b]$ 上的三次样条插值函数，由定义 4.7.1 可设

$$S(x)=a_ix^3+b_ix^2+c_ix+d_i, x\in[x_i,x_{i+1}]\quad(i=0,1,2,\cdots,n-1),$$

其中，a_i,b_i,c_i,d_i 为待定常数，共有 $4n$ 个. 按照三次样条插值的定义，有如下条件：

(1) 插值条件 $n+1$ 个：

$$S(x_i)=f(x_i)(i=0,1,2,\cdots,n);$$

(2) 连续条件 $n-1$ 个：

$$S(x_i-0)=S(x_i+0)(i=1,2,\cdots,n-1);$$

(3) 一阶导数连续条件 $n-1$ 个：

$$S'(x_i-0)=S'(x_i+0)(i=1,2,\cdots,n-1);$$

(4) 二阶导数连续条件 $n-1$ 个：

$$S''(x_i-0)=S''(x_i+0)(i=1,2,\cdots,n-1).$$

共有 $4n-2$ 个条件. 因此要确定 $S(x)$，即要确定 $4n$ 个待定常数，必须补充 2 个条件，这 2 个条件一般加在边界点，称为**边界条件**，可根据实际问题的要求给定.

常见的边界条件有下面三种：

(1) 给出 $f(x)$ 在端点处的一阶导数值，要求

$$S'(x_0)=f'(x_0),S'(x_n)=f'(x_n);$$

(2) 给出 $f(x)$ 在端点处的二阶导数值，要求

$$S''(x_0)=f''(x_0),S''(x_n)=f''(x_n),$$

特别当 $S''(x_0)=S''(x_n)=0$ 时，称为**自然边界条件**；

(3) 当 $f(x)$ 是以 x_n-x_0 为周期的周期函数时，则要求 $S(x)$ 也是周期函数，这时的边界条件为

$$S'(x_0+0)=S'(x_n-0),S''(x_0+0)=S''(x_n-0),$$

这样确定的样条插值称为**周期样条**.

例 4.7 已知 $f(x)$ 在三个点处的函数值 $f(-1)=1,f(0)=0,f(1)=1$，在区间 $[-1,1]$ 上，求 $f(x)$ 在自然边界条件下的三次样条插值函数 $S(x)$.

解 (这是 $n=2$ 的情形) 取 $x_0=-1,x_1=0,x_2=1$，设

$$S(x)=\begin{cases}a_0x^3+b_0x^2+c_0x+d_0, & x\in[-1,0],\\ a_1x^3+b_1x^2+c_1x+d_1, & x\in[0,1],\end{cases}$$

则

$$S'(x)=\begin{cases}3a_0x^2+2b_0x+c_0, & x\in[-1,0],\\ 3a_1x^2+2b_1x+c_1, & x\in[0,1],\end{cases}$$

$$S''(x)=\begin{cases}6a_0x+2b_0, & x\in[-1,0],\\ 6a_1x+2b_1, & x\in[0,1].\end{cases}$$

由插值条件与连续条件，得

$$\begin{cases}-a_0+b_0-c_0+d_0=1,\\ d_0=0,\\ d_1=0,\\ a_1+b_1+c_1+d_1=1.\end{cases} \tag{1}$$

由一、二阶导数连续条件得

$$\begin{cases}c_0=c_1,\\ b_0=b_1.\end{cases} \tag{2}$$

再由自然边界条件得

$$\begin{cases}-6a_0+2b_0=0,\\ 6a_1+2b_1=0.\end{cases} \tag{3}$$

联立(1)(2)(3),解八元线性方程组得

$$a_0=-a_1=\frac{1}{2},\quad b_0=b_1=\frac{3}{2},\quad c_0=c_1=d_0=d_1=0.$$

故所求三次样条插值函数为

$$S(x)=\begin{cases}\frac{1}{2}x^3+\frac{3}{2}x^2, & x\in[-1,0],\\ -\frac{1}{2}x^3+\frac{3}{2}x^2, & x\in[0,1].\end{cases}$$

例 4.7 的方法称为待定常数法,需要解一个 $4n$ 元的线性方程组,当 n 较大时计算量相当大.下面介绍另一种方法,只需解一个不超过 $n+1$ 元的线性方程组.

4.7.2 三弯矩方程

设 $S(x)$ 在节点 x_i 处的二阶导数值为待定常数 M_i,即

$$S''(x_i)=M_i(i=0,1,2,\cdots,n),h_{i+1}=x_{i+1}-x_i.$$

由于 $S(x)$ 在子区间 $[x_i,x_{i+1}]$ 上为三次多项式,故 $S''(x)$ 在子区间 $[x_i,x_{i+1}]$ 上为线性函数,且过 (x_i,M_i),(x_{i+1},M_{i+1}) 两点,因此在区间 $[x_i,x_{i+1}]$ 上,

$$S''(x)=\frac{x_{i+1}-x}{h_{i+1}}M_i+\frac{x-x_i}{h_{i+1}}M_{i+1}. \tag{4.7.1}$$

对式(4.7.1)积分两次,并利用 $S(x_i)=f_i$,$S(x_{i+1})=f_{i+1}$,可得

$$S(x)=\frac{(x_{i+1}-x)^3}{6h_{i+1}}M_i+\frac{(x-x_i)^3}{6h_{i+1}}M_{i+1}+\left(f_i-\frac{M_ih_{i+1}^2}{6}\right)\frac{x_{i+1}-x}{h_{i+1}}+\left(f_{i+1}-\frac{M_{i+1}h_{i+1}^2}{6}\right)\frac{x-x_i}{h_{i+1}}. \tag{4.7.2}$$

只要求出 $M_i(i=0,1,2,\cdots,n)$ 这 $n+1$ 个待定常数，代入式(4.7.2)，就可得到 $S(x)$ 在子区间 $[x_i,x_{i+1}]$ 上的表达式，从而就求得了 $f(x)$ 在整个区间 $[a,b]$ 上的三次样条插值函数 $S(x)$.

在区间 $[x_i,x_{i+1}]$ 上对 $S(x)$ 求导，由式(4.7.2)得

$$S'(x)=-\frac{(x_{i+1}-x)^2}{2h_{i+1}}M_i+\frac{(x-x_i)^2}{2h_{i+1}}M_{i+1}-\left(f_i-\frac{M_ih_{i+1}^2}{6}\right)\frac{1}{h_{i+1}}$$
$$+\left(f_{i+1}-\frac{M_{i+1}h_{i+1}^2}{6}\right)\frac{1}{h_{i+1}},$$

故

$$\begin{aligned}S'(x_i+0)&=-\frac{h_{i+1}}{2}M_i+\frac{f_{i+1}-f_i}{h_{i+1}}+\frac{h_{i+1}}{6}(M_i-M_{i+1})\\&=f(x_i,x_{i+1})-\frac{h_{i+1}}{6}(M_{i+1}+2M_i),\end{aligned}$$

$$\begin{aligned}S'(x_{i+1}-0)&=\frac{h_{i+1}}{2}M_{i+1}+\frac{f_{i+1}-f_i}{h_{i+1}}+\frac{h_{i+1}}{6}(M_i-M_{i+1})\\&=f(x_i,x_{i+1})+\frac{h_{i+1}}{6}(2M_{i+1}+M_i),\end{aligned}$$

将上式中的 $i+1$ 换成 i，可得

$$S'(x_i-0)=f(x_{i-1},x_i)+\frac{h_i}{6}(2M_i+M_{i-1}).$$

利用函数 $S(x)$ 在内节点 $x_1,x_2,\cdots,x_{n-1}$ 处一阶导数连续的条件：

$$S'(x_i-0)=S'(x_i+0),$$

可得

$$f(x_{i-1},x_i)+\frac{h_i}{6}(2M_i+M_{i-1})=f(x_i,x_{i+1})-\frac{h_{i+1}}{6}(M_{i+1}+2M_i),$$

整理得

$$\mu_iM_{i-1}+2M_i+\lambda_iM_{i+1}=d_i\quad(i=1,2,\cdots,n-1),\tag{4.7.3}$$

其中，

$$\begin{cases}\mu_i=\dfrac{h_i}{h_i+h_{i+1}},\\[2ex]\lambda_i=1-\mu_i=\dfrac{h_{i+1}}{h_i+h_{i+1}},\\[2ex]d_i=\dfrac{6}{h_i+h_{i+1}}[f(x_i,x_{i+1})-f(x_{i-1},x_i)]=6f(x_{i-1},x_i,x_{i+1}).\end{cases}\tag{4.7.4}$$

由于力学上称 M_i 为梁在截面 x_i 处的弯矩，故式(4.7.3)称为**三弯矩方程组**. 该方程组是以 $n+1$ 个待定常数 $M_i(i=0,1,2,\cdots,n)$ 为未知数的线性方程组，但只有 $n-1$ 个方程，要想得到方程组的唯一解，必须由边界条件补上 2 个方程.

对于第一种边界条件：$S'(x_0)=f'(x_0)=f_0'$，$S'(x_n)=f'(x_n)=f_n'$. 由

$$S'(x_0+0)=f(x_0,x_1)-\frac{h_1}{6}(M_1+2M_0)=f_0',$$

$$S'(x_n-0)=f(x_{n-1},x_n)+\frac{h_n}{6}(M_{n-1}+2M_n)=f'_n,$$

可得
$$2M_0+M_1=d_0,\quad d_0=\frac{6}{h_1}[f(x_0,x_1)-f_0'],$$

$$M_{n-1}+2M_n=d_n,\quad d_n=\frac{6}{h_n}[f'_n-f(x_{n-1},x_n)],$$

从而三弯矩方程组为

$$\begin{cases}2M_0+M_1=d_0,\\ \mu_iM_{i-1}+2M_i+\lambda_iM_{i+1}=d_i\quad(i=1,2,\cdots,n-1),\\ M_{n-1}+2M_n=d_n.\end{cases}$$

其矩阵形式为

$$\begin{pmatrix}2 & 1 & & & \\ \mu_1 & 2 & \lambda_1 & & \\ & \mu_2 & 2 & \lambda_2 & \\ & & \ddots & \ddots & \ddots \\ & & \mu_{n-1} & 2 & \lambda_{n-1}\\ & & & 1 & 2\end{pmatrix}\begin{pmatrix}M_0\\ M_1\\ M_2\\ \vdots\\ M_{n-1}\\ M_n\end{pmatrix}=\begin{pmatrix}d_0\\ d_1\\ d_2\\ \vdots\\ d_{n-1}\\ d_n\end{pmatrix}.\tag{4.7.5}$$

对第二种边界条件：$S''(x_0)=f''(x_0)$，$S''(x_n)=f''(x_n)$，即 $M_0=f''_0$，$M_n=f''_n$，三弯矩方程组为

$$\begin{pmatrix}2 & \lambda_1 & & & \\ \mu_2 & 2 & \lambda_2 & & \\ \ddots & \ddots & \ddots & & \\ & \mu_{n-2} & 2 & \lambda_{n-2} \\ & & \mu_{n-1} & 2\end{pmatrix}\begin{pmatrix}M_1\\ M_2\\ \vdots\\ M_{n-2}\\ M_{n-1}\end{pmatrix}=\begin{pmatrix}d_1-\mu_1f''_0\\ d_2\\ \vdots\\ d_{n-2}\\ d_{n-1}-\lambda_{n-1}f''_n\end{pmatrix}.\tag{4.7.6}$$

特别当 $M_0=M_n=0$ 为自然边界条件时，方程组(4.7.6)的右端为

$$(d_1,d_2,\cdots,d_{n-1})^{\mathrm{T}},$$

其形式特别简单.

对第三种周期边界条件：$S'(x_0+0)=S'(x_n-0)$，$S''(x_0+0)=S''(x_n-0)$，可推出两个方程

$$M_0 = M_n \text{与} \lambda_n M_1 + \mu_n M_{n-1} + 2M_n = d_n,$$

其中,

$$\begin{cases} \mu_n = \dfrac{h_n}{h_1 + h_n}, \\ \lambda_n = 1 - \mu_n = \dfrac{h_1}{h_1 + h_n}, \\ d_n = \dfrac{6}{h_1 + h_n}[f(x_0, x_1) - f(x_{n-1}, x_n)], \end{cases} \tag{4.7.7}$$

则对应的三弯矩方程组为

$$\begin{pmatrix} 2 & \lambda_1 & & & \mu_1 \\ \mu_2 & 2 & \lambda_2 & & \\ & \ddots & \ddots & \ddots & \\ & & \mu_{n-1} & 2 & \lambda_{n-2} \\ \lambda_n & & & \mu_n & 2 \end{pmatrix} \begin{pmatrix} M_1 \\ M_2 \\ \vdots \\ M_{n-1} \\ M_n \end{pmatrix} = \begin{pmatrix} d_1 \\ d_2 \\ \vdots \\ d_{n-1} \\ d_n \end{pmatrix}. \tag{4.7.8}$$

上述三弯矩方程组(4.7.5)(4.7.6)(4.7.8)可统一写成 $\boldsymbol{AM}=\boldsymbol{d}$ 的形式,注意到 $\mu_i>0$, $\lambda_i>0$, $\mu_i+\lambda_i=1$,故方程组的系数矩阵 $\boldsymbol{A}$ 为三对角矩阵或者为仅比三对角矩阵多两个数的严格对角占优阵,因此方程组有唯一解,都可用追赶法求解,将求得的唯一解 $M_0, M_1, \cdots, M_n$ 代入式(4.7.2),即得所求的三次样条插值函数 $S(x)$.

例 4.8 给定 $f(x)$ 函数表:

i	0	1	2	3
x_i	1	2	4	5
$f(x_i)$	1	3	4	2

在区间[1,5]上求 $f(x)$ 满足自然边界条件 $S''(1)=S''(5)=0$ 的三次样条插值函数,并求 $f(3)$ 的近似值.

解 根据边界条件,$M_0=M_3=0$,未知量为 M_1, M_2,它们是如下二元线性方程组的解:

$$\begin{pmatrix} 2 & \lambda_1 \\ \mu_2 & 2 \end{pmatrix} \begin{pmatrix} M_1 \\ M_2 \end{pmatrix} = \begin{pmatrix} d_1 \\ d_2 \end{pmatrix}.$$

根据公式(4.7.4)计算得

$$h_1 = x_1 - x_0 = 1, h_2 = 2, h_3 = 1, \lambda_1 = \frac{h_2}{h_1 + h_2} = \frac{2}{3}, \mu_2 = \frac{h_2}{h_2 + h_3} = \frac{2}{3},$$

$$d_1 = 6f(x_0, x_1, x_2) = -3, \quad d_2 = 6f(x_1, x_2, x_3) = -5,$$

从而二元线性方程组为

$$\begin{pmatrix} 2 & \frac{2}{3} \\ \frac{2}{3} & 2 \end{pmatrix} \begin{pmatrix} M_1 \\ M_2 \end{pmatrix} = \begin{pmatrix} -3 \\ -5 \end{pmatrix}.$$

解之得

$$M_1 = -\frac{3}{4}, M_2 = -\frac{9}{4}.$$

代入式(4.7.2)得所求三次样条插值函数为

$$S(x) = \begin{cases} -\frac{1}{8}x^3 + \frac{3}{8}x^2 + \frac{7}{4}x - 1, & 1 \leqslant x \leqslant 2, \\ -\frac{1}{8}x^3 + \frac{3}{8}x^2 + \frac{7}{4}x - 1, & 2 \leqslant x \leqslant 4, \\ \frac{3}{8}x^3 - \frac{45}{8}x^2 + \frac{103}{4}x - 33, & 4 \leqslant x \leqslant 5, \end{cases}$$

从而 $f(3) \approx S(3) = 4.25$.

§4.8 数据拟合的最小二乘法

在科学实验和生产实践中，经常要根据大量的实验数据$(x_i, y_i)(i=1,2,\cdots,m)$确定客观存在着的变量之间的函数关系式. 由于各种因素，这些实验数据往往带有测量误差. 如果利用这些数据按插值法求出函数的近似表达式，将会保留这些测量误差，影响精度，为了尽量减少这种测量误差的影响，从总的趋势上使偏差达到最小，人们研究出数据拟合的最小二乘法.

4.8.1 最小二乘法的基本概念

先看一个实例. 测试某物体的直线运动，得到一组数据$(t_i, s_i)(i=1,2,\cdots,m)$，将这些点描在平面直角坐标系上，如图 4-2 所示，因为测试有误差，所以数据点没能落在一条直线上. 显然，再用插值法求物体的运动方程，会得出不符合实际的结果，下面介绍一种新方法.

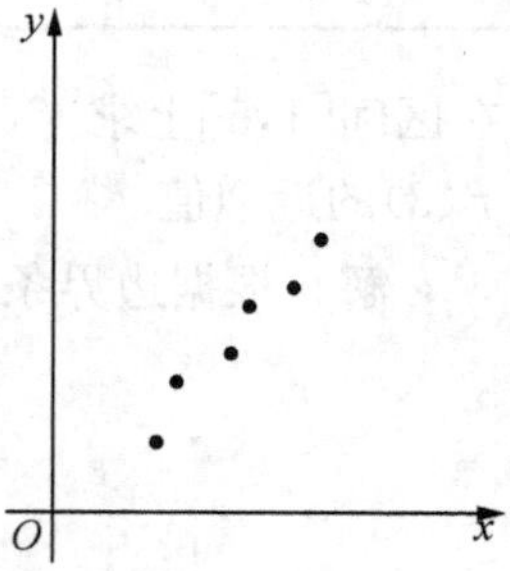

图 4-2

根据平面直角坐标系上数据点的分布情况，可以画出很多条靠近这些点的直线，其方程都可以表示为 $s(t) = a + bt$，其中 a, b 为待定参数. 现在从所有这些直线中找出一条直线 $s^*(t) = a^* + b^* t$，按某种度量标准，使该直线最靠近所有数据点$(t_i, s_i)(i=1,2,\cdots,m)$.

由于测试的数据是平面上的一些离散点，故首先采用将连续函数离散化的方法：

令 $\boldsymbol{s} = (s_1, s_2, \cdots, s_m)^{\mathrm{T}}, \boldsymbol{t} = (t_1, t_2, \cdots, t_n)^{\mathrm{T}}$,

$$\boldsymbol{s}(\boldsymbol{t}) = \boldsymbol{a} + \boldsymbol{b}\boldsymbol{t} = (s(t_1), s(t_2), \cdots, s(t_n))^{\mathrm{T}},$$

$\boldsymbol{s}^*(\boldsymbol{t})=\boldsymbol{a}^*+\boldsymbol{b}^*\boldsymbol{t}=(\boldsymbol{s}^*(t_1),\boldsymbol{s}^*(t_2),\cdots,\boldsymbol{s}^*(t_n))^{\mathrm{T}}$，$\boldsymbol{\delta}=\boldsymbol{s}^*(t)-\boldsymbol{s}=(\delta_1,\delta_2,\cdots,\delta_m)^{\mathrm{T}}$，其中，$\delta_i=s^*(t_i)-s_i(i=1,2,\cdots,m)$，这样可得 m 维向量空间 $\mathbf{R}^m$ 中的一组向量.

然后取度量标准为向量的 2-范数，即令函数 $\boldsymbol{s}^*(\boldsymbol{t})$满足

$$\|\boldsymbol{\delta}\|_2^2=\sum_{i=1}^{m}[s^*(t_i)-s_i]^2=\min\sum_{i=1}^{m}[s(t_i)-s_i]^2,$$

若 $s^*(t)$存在，则称直线 $s^*(t)=a^*+b^*t$ 为所测试数据的最小二乘拟合曲线.

将上述问题推广至一般情形：设$(x_i,y_i)(i=1,2,\cdots,m)$为一组测试数据，$\varphi_0(x)$，$\varphi_1(x),\cdots,\varphi_n(x)$为一组线性无关的函数(称为基函数)，在由 $\varphi_0(x),\varphi_1(x),\varphi_2(x),\cdots$，$\varphi_n(x)$的所有线性组合构成的集合，即在由基函数 $\varphi_0(x),\varphi_1(x),\cdots,\varphi_n(x)$生成的线性空间

$$\Phi=\mathrm{span}\{\varphi_0(x),\varphi_1(x),\cdots,\varphi_n(x)\}$$

中，求一函数 $s^*(x)=\sum_{i=0}^{n}a_i^*\varphi_i(x)$ 满足

$$\sum_{i=1}^{m}[s^*(x_i)-y_i]^2=\min_{s(x)\in\Phi}\sum_{i=1}^{m}[s(x_i)-y_i]^2,$$

则称函数 $s^*(x)$为所测试数据的**最小二乘拟合函数**，也称为函数 $y=f(x)$的**最佳平方逼近函数**，求函数 $s^*(x)$的方法称为**数据拟合的最小二乘法**，简称最小二乘法.

4.8.2 最小二乘法的法方程组

由于测试的数据是平面上的一些离散点，为求所测试数据的最小二乘拟合函数$s^*(x)$，先将连续函数离散化：

令 $\boldsymbol{\varphi}_j=(\boldsymbol{\varphi}_j(x_1),\boldsymbol{\varphi}_j(x_2),\cdots,\boldsymbol{\varphi}_j(x_m))^{\mathrm{T}}(j=0,1,2,\cdots,n)$，$\boldsymbol{y}=(y_1,y_2,\cdots,y_m)^{\mathrm{T}}\in\mathbf{R}^m$，

$$\forall s(x)=\sum_{j=0}^{n}a_j\boldsymbol{\varphi}_j(x)\in\Phi=\mathrm{span}\{\boldsymbol{\varphi}_0(x),\boldsymbol{\varphi}_1(x),\cdots,\boldsymbol{\varphi}_n(x)\},$$

则 $$\boldsymbol{s}=(s(x_1),s(x_2),\cdots,s(x_m))^{\mathrm{T}}\in\mathbf{R}^m,\ \boldsymbol{s}-\boldsymbol{y}\in\mathbf{R}^m,$$

$$\|\boldsymbol{s}-\boldsymbol{y}\|_2^2=\sum_{i=1}^{m}[s(x_i)-y_i]^2=\sum_{i=1}^{m}\Big[\sum_{j=0}^{n}a_j\boldsymbol{\varphi}_j(x_i)-y_i\Big]^2=F(a_0,a_1,\cdots,a_n),$$

求最小二乘拟合函数 $s^*(x)$，即为求多元函数 $F(a_0,a_1,\cdots,a_n)$的最小值点 $a_0^*,a_1^*,\cdots,a_n^*$. 由多元函数极值的必要条件

$$\frac{\partial F}{\partial a_k}=0\ (k=0,1,2,\cdots,n),$$

得

$$\sum_{i=1}^{m}\Big[\sum_{j=0}^{n}a_j\boldsymbol{\varphi}_j(x_i)-y_i\Big]\boldsymbol{\varphi}_k(x_i)=0,$$

即

$$\sum_{j=0}^{n} a_j \Big(\sum_{i=1}^{m} \boldsymbol{\varphi}_j(x_i) \boldsymbol{\varphi}_k(x_i) \Big) = \sum_{i=1}^{m} y_i \boldsymbol{\varphi}_k(x_i) \ (k = 0,1,2,\cdots,n).$$

由线性代数中向量的内积的定义，上述方程组可写为

$$\sum_{j=0}^{n} a_j (\boldsymbol{\varphi}_j, \boldsymbol{\varphi}_k) = (\boldsymbol{y}, \boldsymbol{\varphi}_k) \ (k = 0,1,2,\cdots,n). \tag{4.8.1}$$

其矩阵形式为

$$\begin{pmatrix} (\boldsymbol{\varphi}_0,\boldsymbol{\varphi}_0) & (\boldsymbol{\varphi}_1,\boldsymbol{\varphi}_0) & \cdots & (\boldsymbol{\varphi}_n,\boldsymbol{\varphi}_0) \\ (\boldsymbol{\varphi}_0,\boldsymbol{\varphi}_1) & (\boldsymbol{\varphi}_1,\boldsymbol{\varphi}_1) & \cdots & (\boldsymbol{\varphi}_n,\boldsymbol{\varphi}_1) \\ \vdots & \vdots & & \vdots \\ (\boldsymbol{\varphi}_0,\boldsymbol{\varphi}_n) & (\boldsymbol{\varphi}_1,\boldsymbol{\varphi}_n) & \cdots & (\boldsymbol{\varphi}_n,\boldsymbol{\varphi}_n) \end{pmatrix} \begin{pmatrix} a_0 \\ a_1 \\ \vdots \\ a_n \end{pmatrix} = \begin{pmatrix} (\boldsymbol{y},\boldsymbol{\varphi}_0) \\ (\boldsymbol{y},\boldsymbol{\varphi}_1) \\ \vdots \\ (\boldsymbol{y},\boldsymbol{\varphi}_n) \end{pmatrix}.$$

因为 $\boldsymbol{\varphi}_0(x),\boldsymbol{\varphi}_1(x),\cdots,\boldsymbol{\varphi}_n(x)$ 线性无关，所以方程组(4.8.1)的系数矩阵非奇异，方程组有唯一解 $a_0^*,a_1^*,\cdots,a_n^*$，即多元函数 $F(a_0,a_1,\cdots,a_n)$ 有唯一驻点. 下面证明这唯一驻点就是多元函数 $F(a_0,a_1,\cdots,a_n)$ 的最小值点.

令 $\boldsymbol{s}^*(x) = \sum\limits_{j=0}^{n} a_j^* \boldsymbol{\varphi}_j(x)$，因为 $\sum\limits_{j=0}^{n} a_j^* (\boldsymbol{\varphi}_j, \boldsymbol{\varphi}_k) = (\boldsymbol{y}, \boldsymbol{\varphi}_k)$，利用内积的性质以及内积与 2-范数的关系，则有 $(\boldsymbol{s}^* - \boldsymbol{y}, \boldsymbol{\varphi}_k) = 0$，从而 $(\boldsymbol{s}^* - \boldsymbol{y}, \boldsymbol{s}^*) = (\boldsymbol{s}^* - \boldsymbol{y}, \boldsymbol{s}) = 0$，$\forall \boldsymbol{s}(x) \in \Phi$，

$$\begin{aligned} \| \boldsymbol{s} - \boldsymbol{y} \|_2^2 &= (\boldsymbol{s}-\boldsymbol{y}, \boldsymbol{s}-\boldsymbol{y}) = (\boldsymbol{s}-\boldsymbol{s}^*+\boldsymbol{s}^*-\boldsymbol{y}, \boldsymbol{s}-\boldsymbol{s}^*+\boldsymbol{s}^*-\boldsymbol{y}) \\ &= (\boldsymbol{s}-\boldsymbol{s}^*, \boldsymbol{s}-\boldsymbol{s}^*) + 2(\boldsymbol{s}^*-\boldsymbol{y}, \boldsymbol{s}-\boldsymbol{s}^*) + (\boldsymbol{s}^*-\boldsymbol{y}, \boldsymbol{s}^*-\boldsymbol{y}) \\ &= \| \boldsymbol{s}-\boldsymbol{s}^* \|_2^2 + \| \boldsymbol{s}^*-\boldsymbol{y} \|_2^2 \\ &\geqslant \| \boldsymbol{s}^*-\boldsymbol{y} \|_2^2, \end{aligned}$$

所以 $a_0^*,a_1^*,\cdots,a_n^*$ 是多元函数 $F(a_0,a_1,\cdots,a_n)$ 的最小值点，$\boldsymbol{s}^*(x)$ 即为所测试数据的最小二乘拟合函数，并且是唯一的.

由以上推导可知，求所测试数据的最小二乘拟合函数 $\boldsymbol{s}^*(x)$，只需求解方程组(4.8.1)即可，故称方程组(4.8.1)为**最小二乘法的法方程组**.

特别，当基函数 $\varphi_0(x)=1,\varphi_1(x)=x,\cdots,\varphi_n(x)=x^n$ 时，所得的最小二乘拟合函数 $s^*(x)$ 称为**多项式拟合**.

4.8.3 最小二乘拟合函数的误差

令 $\delta = s^*(x) - y$ 为所测试数据 $(x_i,y_i)(i=1,2,\cdots,m)$ 的最小二乘拟合函数 $s^*(x)$ 的误差，则

$$\begin{aligned} \| \delta \|_2^2 &= (y-s^*, y-s^*) = (y,y) + (s^*-y, s^*) - (s^*, y) \\ &= \| y \|_2^2 - \sum_{j=1}^{n} a_j^* (\varphi_j, y). \end{aligned}$$

用最小二乘法求数据的拟合曲线，关键要确定函数 $s^*(x)$ 的形式，即要确定基函数 $\varphi_0(x),\varphi_1(x),\cdots,\varphi_n(x)$，这不仅是数学问题，还与所研究的问题的变化规律以及所得的数据有关. 通常，确定基函数的方法有两种：一种为经验公式，就是人们根据长期科研与生产实

践的经验,确定函数的表达式来拟合测试的数据;另一种是描点成图,根据曲线的形状来确定基函数.

例 4.9 在某个低温过程中,函数 y 与温度 t 的试验数据如下:

t_i	1	2	3	4
y_i	0.8	1.5	1.8	2.0

根据经验 $y=at+bt^2$,试用最小二乘法求出 a,b.

解 令 $\varphi_0(t)=t,\varphi_1(t)=t^2$,则 $\Phi=\mathrm{span}\{\varphi_0(t),\varphi_1(t)\}$,拟合函数

$$y=a\varphi_0(t)+b\varphi_1(t),$$

最小二乘法方程组为

$$\begin{pmatrix}(\varphi_0,\varphi_0) & (\varphi_0,\varphi_1)\\(\varphi_0,\varphi_1) & (\varphi_1,\varphi_1)\end{pmatrix}\begin{pmatrix}a\\b\end{pmatrix}=\begin{pmatrix}(y,\varphi_0)\\(y,\varphi_1)\end{pmatrix}.$$

因为 $(\varphi_0,\varphi_0)=\sum_{i=1}^{4}t_i^2=30,(\varphi_0,\varphi_1)=\sum_{i=1}^{4}t_i^3=100,(\varphi_1,\varphi_1)=\sum_{i=1}^{4}t_i^4=354,$

$$(y,\varphi_0)=\sum_{i=1}^{4}y_it_i=17.2,(y,\varphi_1)=\sum_{i=1}^{4}y_it_i^2=55,$$

所以将以上数据代入最小二乘法的法方程组得

$$\begin{pmatrix}30 & 100\\100 & 354\end{pmatrix}\begin{pmatrix}a\\b\end{pmatrix}=\begin{pmatrix}17.2\\55\end{pmatrix}.$$

解之得 $a=0.949\,7,b=-0.112\,9$,即 $y=0.949\,7t-0.112\,9t^2$.

例 4.10 炼钢就是要把钢液中的碳去掉,钢液含碳量直接影响冶炼时间长短,设通过实验已得到冶炼时间 y 与钢液含碳量 x 的一组数据:

x_i	165	123	150	123	141
y_i	187	126	172	125	148

求 y 与 x 的函数表达式.

解 将这5组数据(x_i,y_i)标在平面直角坐标系上,数据的分布大致呈一条直线,故用直线 $P_1(x)=a+bx$ 去拟合这些数据.

即 $\varphi_0(x)=1,\varphi_1(x)=x,\Phi=\mathrm{span}\{\varphi_0(x),\varphi_1(x)\}$,从而最小二乘法法方程组为

$$\begin{pmatrix}(\varphi_0,\varphi_0) & (\varphi_0,\varphi_1)\\(\varphi_0,\varphi_1) & (\varphi_1,\varphi_1)\end{pmatrix}\begin{pmatrix}a\\b\end{pmatrix}=\begin{pmatrix}(y,\varphi_0)\\(y,\varphi_1)\end{pmatrix}.$$

因为 $(\varphi_0,\varphi_0)=\sum_{i=1}^{5}1=5,(\varphi_0,\varphi_1)=\sum_{i=1}^{5}x_i=702,(\varphi_1,\varphi_1)=\sum_{i=1}^{5}x_i^2=998\,64.$

$$(y,\varphi_0)=\sum_{i=1}^{5}y_i=758,(y,\varphi_1)=\sum_{i=1}^{4}y_ix_i=108\,396,$$

所以最小二乘法的法方程组为

$$\begin{pmatrix} 5 & 702 \\ 702 & 99\,864 \end{pmatrix}\begin{pmatrix} a \\ b \end{pmatrix}=\begin{pmatrix} 758 \\ 108\,396 \end{pmatrix}.$$

解之得 $a=60.94$，$b=1.514$，所求函数表达式近似为 $y=60.94+1.154x$.

请读者思考：如果描绘数据所得的曲线近似为 $y=ae^{bx}$ 或者 $y=\dfrac{1}{a+bx}$ 的图像，应如何确定基函数？

习 题 4

1. 已知函数 $f(x)$ 的一组数据：

i	0	1	2	3
x_i	0.46	0.47	0.48	0.49
$f(x_i)$	0.484	0.493	0.502	0.511

试分别用一次和二次 Lagrange 插值：(1) 求 $f(0.472)$ 的近似值；(2) 当 x 为何值时函数值等于 0.5.

2. 设 $x_0,x_1,\cdots,x_n$ 为闭区间 $[a,b]$ 上 $n+1$ 个互异点，$l_i(x)\ (i=0,1,2,\cdots,n)$ 为 Lagrange 插值基函数，证明：

(1) $\sum\limits_{i=0}^{n} l_i(x)=1$；

(2) $\sum\limits_{i=0}^{n} x_i^k l_i(x)=x_i^k, k=0,1,2,\cdots,n$；

(3) $\sum\limits_{i=0}^{n} (x_i-x)^k l_i(x)=0, k=0,1,2,\cdots,n$；

(4) $l_0(x),l_1(x),\cdots,l_n(x)$ 线性无关.

3. 已知 $f(x)=\sin x$ 的一组函数值：

i	0	1	2
x_i	1.5	1.6	1.7
$f(x_i)$	0.997 5	0.999 6	0.991 7

构造差商表，利用二次 Newton 插值公式求 sin(1.65) 的近似值（保留四位小数），并估计其误差.

4. 已知函数 $f(x)$ 的函数值和导数值：

x_i	1	2
$f(x_i)$	1.0	2.7
$f'(x_i)$	5	−2

求 $f(x)$ 三次 Hermite 插值 $H_3(x)$，并由此求 $f(1.25)$ 的近似值.

5. 已知函数 $f(x)$ 的函数值和导数值：

x_i	0	1	2	3
$f(x_i)$	0	2	3	6
$f'(x_i)$	1			0

求 $f(x)$ 在区间[0,3]上的三次样条插值函数.

6. 设 $f(x)$ 在区间$[a,b]$上二阶连续可微，并且 $f(a)=f(b)=0$，证明：

$$|f(x)|\leqslant\frac{1}{8}(b-a)^2\max_{a\leqslant x\leqslant b}|f''(x)|.$$

7. 设函数 $f(x)$ 在区间$[x_0,x_1]$上的3阶导数存在，求作一个次数不高于二次的多项式 $P(x)$，使其满足 $P(x_0)=f(x_0)$，$P(x_1)=f(x_1)$，$P'(x_0)=f'(x_0)$.

8. 已知函数 $f(x)$ 的一组数据：

x_i	−3	−1	0	1	3	5	7	9
$f(x_i)$	−6	−3	−1	0	1	3	4	7

试求 $f(x)$ 拟合曲线.

9. 在某化学反应中，测得生成物浓度 y(单位:1%)与时间 t_i(时)的数据如下表：

t_i	1	2	3	4	5	6	7	8
y_i	4.00	6.40	8.00	8.80	9.22	9.50	9.70	9.86
t_i	9	10	11	12	13	14	15	16
y_i	10.00	10.20	10.32	10.42	10.50	10.55	10.58	10.60

用最小二乘法建立 y 与 t 的经验公式.

10. 已知一组实验数据如下，求其形如 $y=ae^{bx}$ 的拟合曲线.

x_i	1	2	3	4	5	6	7	8
y_i	15.3	20.5	27.4	36.6	49.1	65.6	87.8	117.8

11. 设 $f(x)$ 在闭区间$[a,b]$上有三阶连续导数，对$[a,b]$上两个互异点 x_0，x_1 处的函数值 $f(x_0)$，$f(x_1)$ 及一阶导数值 $f'(x_0)$，试利用插值导出 $f(x)$ 的下述表达式：

$$f(x)=-\frac{(x-x_1)(x-2x_0+x_1)}{(x_1-x_0)^2}f(x_0)+\frac{(x-x_0)(x-x_1)}{x_0-x_1}f'(x_0)+\frac{(x-x_0)^2}{(x_1-x_0)^2}f(x_1)$$

$$+\frac{1}{6}(x-x_0)^2(x-x_1)f'''(\xi),\xi\in(a,b).$$

12. 若以 $S'(x_i)=m_i$ 为基本未知量，试推出三次样条插值函数 $S(x)$ 的分段表达式及其在第一种边界条件下，m_i 所满足的矩阵方程(三转角方程).

提示：考虑在$[x_i,x_{i+1}]$上，$S(x)$ 即为 Hermite 插值.

第 5 章

数值积分与数值微分

微积分在科学和工程中有着广泛应用. 例如,人造地球卫星的轨道可视为平面上的椭圆,我国第一颗人造地球卫星近地点距离地球表面 439 km,远地点距离地球表面 2 384 km,地球半径为 6 371 km. 求该卫星的轨道长度.

本问题可用椭圆参数方程

$$\begin{cases} x = a\cos t, \\ y = b\sin t \end{cases} \quad (0 \leqslant t \leqslant 2\pi,\ a,\ b > 0)$$

来描述人造地球卫星的轨道. 式中,$a=8\ 755$ km,$b=6\ 810$ km 分别为椭圆的长、短半轴. 该轨道的长度 L 就是如下的参数方程的弧长积分:

$$L = 4\int_0^{\frac{\pi}{2}} (a^2\ \sin^2 t + b^2\ \cos^2 t)^{\frac{1}{2}}\,\mathrm{d}t$$

这个积分是椭圆积分,不能用解析方法计算.

依据微积分学基本定理 Newton-Leibniz 公式:

$$\int_a^b f(x)\mathrm{d}x = F(b) - F(a),$$

其中,$F(x)$是 $f(x)$的一个原函数. 理论上,只要被积函数 $f(x)$在积分区间$[a,b]$上连续,其原函数 $F(x)$就存在. 但是,一方面,实际计算时遇到的被积函数往往很复杂,找不到相应的原函数;即使是一些简单的函数,比如,e^{-x^2},$\dfrac{1}{\ln x}$,$\dfrac{\sin x}{x}$等都找不到用初等函数表示的原函数. 另外,在一些计算问题中,$f(x)$的值是通过观测或数值计算得到一组数据表,此时显然不能用 Newton-Leibniz 公式计算积分. 所有这些因素,促进人们去研究定积分的近似计算,定积分的近似计算称为数值积分.

另一方面,求函数 $f(x)$在某点的导数值 $f'(x)$,也需要对 $f'(x)$进行数值处理,特别当 $f(x)$没有解析表达式,只是给出了一组数据表时,$f'(x)$只能用数值方法来计算.

本章主要介绍插值型数值求积公式,加速技巧 Romberg 算法,Gauss 求积公式,随机模拟法,最后介绍数值微分. 关于奇异积分的数值方法本书不作介绍,对此内容感兴趣的可以参见文献[4,6,9]的相关内容.

§5.1 数值积分的基本概念

5.1.1 机械求积公式

当 $f(x)\geqslant 0$ 时,定积分 $\int_a^b f(x)\mathrm{d}x$ 的几何意义为曲边梯形的面积. 另外,由积分中值定理知,在 $[a,b]$ 上存在一点 ξ,使得

$$\int_a^b f(x)\mathrm{d}x = f(\xi)(b-a).$$

即所求曲边梯形面积等于以 $b-a$ 为底,以 $f(\xi)$ 为高的矩形面积. 但是,由于 ξ 的值不能确定,因而难以计算 $f(\xi)$ 的值. 由于 $f(\xi)$ 为 $f(x)$ 的在 $[a,b]$ 上的平均高度,因而只要对 $f(\xi)$ 提供一种算法,便可获得一种数值积分法.

例如,取 $\xi=\dfrac{a+b}{2}$,则有

$$\int_a^b f(x)\mathrm{d}x \approx (b-a)f\left(\frac{a+b}{2}\right). \tag{5.1.1}$$

这称为**中矩形公式**.

又如,取 $f(\xi)=\dfrac{f(a)+f(b)}{2}$,则有

$$\int_a^b f(x)\mathrm{d}x \approx \frac{b-a}{2}[f(a)+f(b)]. \tag{5.1.2}$$

这称为**梯形公式**. 其几何意义为用梯形面积近似所求曲边梯形面积.

一般地,可在积分区间 $[a,b]$ 上适当地取 $n+1$ 个点 $x_0,x_1,\cdots,x_n$,然后用 $f(x_k)$ 的加权平均值近似 $f(\xi)$,可得如下的求积公式:

$$\int_a^b f(x)\mathrm{d}x \approx \sum_{i=0}^{n} A_i f(x_i). \tag{5.1.3}$$

式中,A_i 称为**求积系数**,$x_0,x_1,\cdots,x_n$ 称为**求积节点**. 用公式(5.1.3)计算定积分,只需计算被积函数 $f(x)$ 在节点上的函数值,这个过程可以在计算机上机械地进行,因此称形如公式(5.1.3)的求积公式为**机械求积公式**.

5.1.2 插值型求积公式

在积分区间 $[a,b]$ 上适当地取 $n+1$ 个互异节点 $x_0,x_1,\cdots,x_n$,利用被积函数 $f(x)$ 在这些节点处的函数值 $f_i=f(x_i)(i=0,1,2,\cdots,n)$,作 $f(x)$ 的 n 次 Lagrange 插值多项式 $P_n(x)=\sum_{i=0}^{n} f_i l_i(x)\approx f(x)$,其中,$l_i(x)=\prod_{\substack{j=0\\ j\neq i}}^{n}\dfrac{x-x_j}{x_i-x_j}\ (i=0,1,2,\cdots,n)$,则

$$\int_a^b f(x)\mathrm{d}x \approx \int_a^b P_n(x)\mathrm{d}x = \sum_{i=0}^{n} f_i \int_a^b l_i(x)\mathrm{d}x = \sum_{i=0}^{n} A_i f(x_i), \tag{5.1.4}$$

其中,求积系数 $A_i = \int_a^b l_i(x)\mathrm{d}x \ (i = 0,1,2,\cdots,n)$.

这种利用插值多项式逼近被积函数导出的数值积分公式(5.1.4)称为**插值型求积公式**.

5.1.3 求积公式的代数精确度

公式(5.1.1)(5.1.2)(5.1.4)都是数值积分公式.用这些公式求定积分的近似值时,不同的公式得到近似值的精确度各不相同.怎样衡量这些近似公式的好坏呢?事实上,这些近似公式对某些函数能求到准确值,于是一种方式是用能求到准确值的函数的多少来描述其精度.

定义 5.1.1 若定积分 $I(f) = \int_a^b f(x)\mathrm{d}x$ 的某个近似求积公式

$$I_n(f) = \sum_{i=0}^{n} A_i f(x_i).$$

对一切次数不超过 m 的多项式都精确成立,但对 $m+1$ 次多项式不能精确成立,则称该近似求积公式具有 ***m* 次代数精度**.

根据定积分的运算性质及多项式的表达式,验证求积公式的代数精度只需验证求积公式 $I_n(f)$对 $1,x,x^2,\cdots,x^m$ 精确成立,而对 x^{m+1} 不精确成立,则求积公式 $I_n(f)$就有 m 次代数精度.

一个求积公式代数精度越高意味着它对更多的函数求积公式准确成立,因此它的精确度也就越高.可以证明,中矩形公式和梯形公式的代数精度为 1.插值型求积公式(5.1.4)至少具有 n 次代数精度.

例 5.1 构造形如 $\int_0^{3h} f(x)\mathrm{d}x \approx A_0 f(0) + A_1 f(h) + A_2 f(2h)$ 的求积公式,使其代数精度尽可能的高,并指出其代数精度.

解 令求积公式对 $f(x)=1,x,x^2$ 均精确成立,即有

$$\begin{cases} 3h = A_0 + A_1 + A_2, \\ \dfrac{9}{2}h^2 = A_1 h + 2A_2 h, \\ 9h^3 = A_1 h^2 + 4A_2 h^2, \end{cases}$$

解之得 $A_0 = \dfrac{3}{4}h, A_1 = 0, A_2 = \dfrac{9}{4}h$, 则

$$\int_0^{3h} f(x)\mathrm{d}x \approx \frac{3}{4}hf(0) + \frac{9}{4}hf(2h).$$

当 $f(x)=x^3$ 时, $\int_0^{3h} x^3\mathrm{d}x = \dfrac{81}{4}h^4, \dfrac{3}{4}hf(0) + \dfrac{9}{4}hf(2h) = 18h^4$.

因此该求积公式具有 2 次代数精度.

§5.2　Newton-Cotes 求积公式

在实际应用时，为了计算方便，常将积分区间$[a,b]$等分，取分点为求积节点. 这样构造出来的插值型求积公式称为 Newton-Cotes 求积公式.

5.2.1　Newton-Cotes 求积公式

将积分区间$[a,b]$ n 等分，其分点为 $x_i=a+ih(i=0,1,2,\cdots,n)$，$h=\dfrac{b-a}{n}$，由于被积函数 $f(x)$是已知的，故可计算出 $f_i=f(x_i)(i=0,1,2,\cdots,n)$，构造 $f(x)$的 n 次 Lagrange 插值多项式 $P_n(x)=\sum\limits_{i=0}^{n} f_i l_i(x)$，得到插值型求积公式

$$\int_a^b f(x)\mathrm{d}x \approx \sum_{i=0}^{n} A_i f(x_i),$$

其中，$A_i=\int_a^b l_i(x)\mathrm{d}x=\int_a^b \prod\limits_{\substack{j=0\\ j\neq i}}^{n} \dfrac{x-x_j}{x_i-x_j}\mathrm{d}x\ (i=0,1,2,\cdots,n)$.

作变量代换 $x=a+th$，则 $x-x_j=(t-j)h$，$x_i-x_j=(i-j)h$，

$$A_i=h\int_0^n \prod_{\substack{j=0\\ j\neq i}}^{n} \frac{t-j}{i-j}\mathrm{d}t=(b-a)C_i^{(n)},$$

$$C_i^{(n)}=\frac{1}{n}\int_0^n \prod_{\substack{j=0\\ j\neq i}}^{n} \frac{t-j}{i-j}\mathrm{d}t=\frac{(-1)^{n-i}}{ni!(n-i)!}\int_0^n \prod_{\substack{j=0\\ j\neq i}}^{n}(t-j)\mathrm{d}t \quad (i=0,1,2,\cdots,n), \tag{5.2.1}$$

从而

$$\int_a^b f(x)\mathrm{d}x \approx (b-a)\sum_{i=0}^{n} C_i^{(n)} f(x_i). \tag{5.2.2}$$

公式(5.2.2) 称为 **Newton-Cotes 求积公式**，$C_i^{(n)}$ 称为 **Cotes 求积系数**.

当 $n=1$ 时，$C_0^{(1)}=-\int_0^1 (t-1)\mathrm{d}t=\dfrac{1}{2}$，

$$C_1^{(1)}=\int_0^1 t\mathrm{d}t=\frac{1}{2},$$

则

$$\int_a^b f(x)\mathrm{d}x \approx \frac{b-a}{2}[f(a)+f(b)].$$

这就是前面的梯形公式(5.1.2).

当 $n=2$ 时，$C_0^{(2)}=\dfrac{1}{2\times 2!}\displaystyle\int_0^2(t-1)(t-2)\mathrm{d}t=\dfrac{1}{6}$，

$$C_1^{(2)}=-\frac{1}{2!}\int_0^2 t(t-2)\mathrm{d}t=\frac{4}{6},$$

$$C_2^{(2)}=\frac{1}{2\times 2!}\int_0^2 t(t-1)\mathrm{d}t=\frac{1}{6},$$

则
$$\int_a^b f(x)\mathrm{d}x\approx\frac{b-a}{6}\left[f(a)+f(b)+4f\left(\frac{a+b}{2}\right)\right]. \tag{5.2.3}$$

求积公式(5.2.3)称为 **Simpson 求积公式**.

同理，可得 $n=4$ 时 Newton-Cotes 求积公式，即有名的 **Cotes 公式**：

$$\int_a^b f(x)\mathrm{d}x\approx\frac{b-a}{90}[7f(x_0)+32f(x_1)+12f(x_2)+32f(x_3)+7f(x_4)], \tag{5.2.4}$$

其中，$x_i=a+ih(i=0,1,2,3,4)$，$h=\dfrac{b-a}{4}$.

其他情形的 Cotes 系数可查表 5-1.

表 5-1

n	$C_0^{(n)}$	$C_1^{(n)}$	$C_2^{(n)}$	$C_3^{(n)}$	$C_4^{(n)}$	$C_5^{(n)}$	$C_6^{(n)}$	$C_7^{(n)}$	$C_8^{(n)}$
1	$\frac{1}{2}$	$\frac{1}{2}$							
2	$\frac{1}{6}$	$\frac{4}{6}$	$\frac{1}{6}$						
3	$\frac{1}{8}$	$\frac{3}{8}$	$\frac{3}{8}$	$\frac{1}{8}$					
4	$\frac{7}{90}$	$\frac{32}{90}$	$\frac{12}{90}$	$\frac{32}{90}$	$\frac{7}{90}$				
5	$\frac{19}{288}$	$\frac{75}{288}$	$\frac{50}{288}$	$\frac{50}{288}$	$\frac{75}{288}$	$\frac{19}{288}$			
6	$\frac{41}{840}$	$\frac{216}{840}$	$\frac{27}{840}$	$\frac{272}{840}$	$\frac{27}{840}$	$\frac{216}{840}$	$\frac{41}{840}$		
7	$\frac{751}{17\,280}$	$\frac{3\,577}{17\,280}$	$\frac{1\,323}{17\,280}$	$\frac{2\,989}{17\,280}$	$\frac{2\,989}{17\,280}$	$\frac{1\,323}{17\,280}$	$\frac{3\,577}{17\,280}$	$\frac{751}{17\,280}$	
8	$\frac{989}{28\,350}$	$\frac{5\,888}{28\,350}$	$-\frac{928}{28\,350}$	$\frac{10\,496}{28\,350}$	$-\frac{4\,540}{28\,350}$	$\frac{10\,496}{28\,350}$	$-\frac{928}{28\,350}$	$\frac{5\,888}{28\,350}$	$\frac{989}{28\,350}$

Cotes 系数具有以下性质：

(1) $C_{n-i}^{(n)}=C_i^{(n)}$.

这是因为 $C_{n-i}^{(n)}=\dfrac{(-1)^{n-(n-i)}}{n(n-i)![n-(n-i)]!}\displaystyle\int_0^n\prod_{\substack{j=0\\ j\neq n-i}}^n(t-j)\mathrm{d}t$

$$=-\frac{(-1)^i}{n(n-i)!i\,!}\int_n^0\prod_{\substack{j=0\\j\neq n-i}}^{n}(n-u-j)\mathrm{d}u(\text{令 } t=n-u)$$

$$=\frac{(-1)^{n+i}}{n(n-i)!i!}\int_0^n\prod_{\substack{j=0\\j\neq n-i}}^{n}[u-(n-j)]\mathrm{d}u$$

$$=\frac{(-1)^{n-i}}{n(n-i)!i\,!}\int_0^n\prod_{\substack{k=0\\k\neq i}}^{n}(u-k)\mathrm{d}u$$

$$=C_i^{(n)}.$$

(2) $\sum_{i=0}^{n}C_i^{(n)}=1$.

这是因为当 $f(x)=1$ 时，$f(x)=P_n(x)=1$，$\int_a^b\mathrm{d}x=(b-a)\sum_{i=0}^{n}C_i^{(n)}$，所以 $\sum_{i=0}^{n}C_i^{(n)}=1$.

下面分析计算 $f(x_i)$ 时产生的舍入误差对数值求积结果的影响.

设 $f(x_i)$ 的舍入误差为 $\varepsilon_i(i=0,1,2,\cdots,n)$，$\varepsilon=\max_{0\leqslant i\leqslant n}(|\varepsilon_i|)$，则 Newton-Cotes 求积公式在计算中产生的误差为

$$e=\left|(b-a)\sum_{i=0}^{n}C_i^{(n)}f(x_i)-(b-a)\sum_{i=0}^{n}C_i^{(n)}[f(x_i)+\varepsilon_i]\right|$$

$$=(b-a)\left|\sum_{i=0}^{n}C_i^{(n)}\varepsilon_i\right|\leqslant(b-a)\sum_{i=0}^{n}|C_i^{(n)}||\varepsilon_i|\leqslant(b-a)\varepsilon\sum_{i=0}^{n}|C_i^{(n)}|.$$

从表 5－1 中还可以看出，当 $n\leqslant 7$ 时，$C_i^{(n)}>0$，且 $\sum_{i=0}^{n}C_i^{(n)}=1$，故

$$e\leqslant(b-a)\varepsilon.$$

这说明初始数据的舍入误差对计算结果的影响不大，从而 Newton-Cotes 求积公式在 $n\leqslant 7$ 时是数值稳定的. 而 $n\geqslant 8$ 时，$C_i^{(n)}$ 有正也有负，$(b-a)\varepsilon\sum_{i=0}^{n}|C_i^{(n)}|>(b-a)\varepsilon$，方法的稳定性没有保证，其相应的 Newton-Cotes 求积公式是数值不稳定的. 因此，在实际计算时，不宜采用 $n\geqslant 8$ 的高次 Newton-Cotes 求积公式.

5.2.2　误差分析

一、误差的一般分析

Newton-Cotes 求积公式是用 $f(x)$ 的 Lagrange 插值多项式 $P_n(x)\approx f(x)$ 而得到的求积公式. 由第四章

$$f(x)-P_n(x)=\frac{f^{(n+1)}(\xi)}{(n+1)!}\prod_{j=0}^{n}(x-x_j),$$

$$\min(x_0,x_1,\cdots,x_n,x)<\xi<\max(x_0,x_1,\cdots,x_n,x).$$

因而，**Newton-Cotes 求积公式的截断误差为**

$$R(f)=\int_a^b f(x)\mathrm{d}x-\int_a^b P_n(x)\mathrm{d}x$$
$$=\frac{1}{(n+1)!}\int_a^b f^{(n+1)}(\xi)\prod_{j=0}^{n}(x-x_j)\mathrm{d}x$$
$$=\frac{1}{(n+1)!}h^{n+2}\int_0^n f^{(n+1)}(\xi)\prod_{j=0}^{n}(t-j)\mathrm{d}t(\text{令 } x=a+th). \qquad (5.2.5)$$

如果 $f(x)\in C^{n+1}[a,b]$，则 $f^{(n+1)}(x)$ 在 $[a,b]$ 上有最大(小)值，记

$$M=\max_{a\leqslant x\leqslant b}|f^{(n+1)}(x)|,$$

则

$$|R(f)|\leqslant\frac{M}{(n+1)!}h^{n+2}\int_0^n\prod_{j=0}^{n}|t-j|\,\mathrm{d}t.$$

当 $f(x)$ 为 n 次多项式时，$f^{(n+1)}(x)=0$，因此 $R(f)=0$，即 Newton-Cotes 求积公式对任意次数不超过 n 的多项式是精确成立的. 由定义 5.1.1 得 Newton-Cotes 求积公式至少有 n 次代数精度. 可以证明：n 为偶数时，Newton-Cotes 求积公式具有 $n+1$ 次代数精度(参见文献[8]).

例 5.2 证明：Simpson 求积公式 $\int_a^b f(x)\mathrm{d}x\approx\frac{b-a}{6}\left[f(a)+f(b)+4f\left(\frac{a+b}{2}\right)\right]$ 具有 3 次代数精度.

证明 因为 Simpson 求积公式是由 2 次 Lagrange 插值多项式推导而得，所以至少有 2 次代数精度.

令 $f(x)=x^3$，因为 $$\int_a^b x^3\mathrm{d}x=\frac{b^4-a^4}{4},$$

$$\frac{b-a}{6}\left[f(a)+f(b)+4f\left(\frac{a+b}{2}\right)\right]=\frac{b-a}{6}\left[a^3+b^3+4\left(\frac{a+b}{2}\right)^3\right]=\frac{b^4-a^4}{4}.$$

即 Simpson 求积公式对 3 次多项式精确成立.

令 $f(x)=x^4$，因为 $$\int_a^b x^4\mathrm{d}x=\frac{b^5-a^5}{5},$$

$$\frac{b-a}{6}\left[f(a)+f(b)+4f\left(\frac{a+b}{2}\right)\right]=\frac{b-a}{6}\left[a^4+b^4+4\left(\frac{a+b}{2}\right)^4\right]\neq\frac{b^5-a^5}{5}.$$

即 Simpson 求积公式对 4 次多项式不能精确成立，所以 Simpson 求积公式具有 3 次代数精度.

二、梯形公式与 Simpson 求积公式的误差

下面主要讨论梯形公式与 Simpson 求积公式的误差.

当 $n=1$ 时，如果 $f(x)\in C^2[a,b]$，则梯形公式的余项为

$$R_{\mathrm{T}}(f)=\frac{1}{2!}\int_a^b f''(\xi)(x-a)(x-b)\mathrm{d}x,$$

由于函数$(x-a)(x-b)$在区间$[a,b]$上可积且不变号，故由积分第一中值定理，在$[a,b]$上必存在一点 η，使得

$$R_{\mathrm{T}}(f)=\frac{1}{2}f''(\eta)\int_a^b(x-a)(x-b)\mathrm{d}x=-\frac{f''(\eta)}{12}(b-a)^3. \tag{5.2.6}$$

当 $n=2$ 时，由式(5.2.5)，可得 Simpson 求积公式的误差

$$R_{\mathrm{S}}(f)=\frac{1}{3!}\int_a^b f'''(\xi)(x-a)\left(x-\frac{a+b}{2}\right)(x-b)\mathrm{d}x.$$

因为$(x-a)\left(x-\frac{a+b}{2}\right)(x-b)$在区间$[a,b]$上变号，所以不能直接用积分第一中值定理来讨论. 如果 $f(x)\in C^4[a,b]$，构造 $f(x)$的三次 Hermite 插值多项式 $H(x)$，使其满足

$$H(a)=f(a),H(b)=f(b),H\left(\frac{a+b}{2}\right)=f\left(\frac{a+b}{2}\right),H'\left(\frac{a+b}{2}\right)=f'\left(\frac{a+b}{2}\right).$$

由第四章定理 4.5.1，其余项为

$$f(x)-H(x)=\frac{f^{(4)}(\xi)}{4!}(x-a)\left(x-\frac{a+b}{2}\right)^2(x-b),\quad a<\xi<b.$$

又因为 Simpson 求积公式具有 3 次代数精度，所以对三次多项式 $H(x)$精确成立

$$\begin{aligned}\int_a^b H(x)\mathrm{d}x&=\frac{b-a}{6}\left[H(a)+H(b)+4H\left(\frac{a+b}{2}\right)\right]\\&=\frac{b-a}{6}\left[f(a)+f(b)+4f\left(\frac{a+b}{2}\right)\right],\end{aligned}$$

所以 Simpson 求积公式的余项为

$$R_{\mathrm{S}}(f)=\frac{1}{4!}\int_a^b f^{(4)}(\xi)(x-a)\left(x-\frac{a+b}{2}\right)^2(x-b)\mathrm{d}x.$$

因为$(x-a)\left(x-\frac{a+b}{2}\right)^2(x-b)$在区间$[a,b]$上不变号，所以由积分第一中值定理，在$[a,b]$上必存在一点 η，使得

$$\begin{aligned}R_{\mathrm{S}}(f)&=\frac{1}{4!}f^{(4)}(\eta)\int_a^b(x-a)\left(x-\frac{a+b}{2}\right)^2(x-b)\mathrm{d}x\\&=-\frac{f^{(4)}(\eta)}{2\,880}(b-a)^5,\eta\in[a,b].\end{aligned} \tag{5.2.7}$$

同理，可推导 Cotes 求积公式(5.2.4)的余项为

$$R_{\mathrm{C}}(f)=-\frac{2(b-a)}{945}\left(\frac{b-a}{4}\right)^6 f^{(6)}(\eta),\eta\in[a,b]. \tag{5.2.8}$$

以上给出了用梯形公式和 Simpson 求积公式计算积分的**误差表达式**，实际在应用时，由于 η 的具体值不知道，故可取导数的一个最小上界来估计误差，即取$|f''(x)|\leqslant M_1$，

$|f^{(4)}(x)|\leqslant M_2$，则

$$|R_{\mathrm{T}}|=\left|-\frac{f''(\eta)}{12}(b-a)^3\right|\leqslant\frac{M_1}{12}(b-a)^3, \tag{5.2.9}$$

$$|R_{\mathrm{S}}|=\left|-\frac{f^{(4)}(\eta)}{2\,880}(b-a)^5\right|\leqslant\frac{M_2}{2\,880}(b-a)^5. \tag{5.2.10}$$

通常用式(5.2.9)、式(5.2.10)作为误差估计.

例 5.3 分别用梯形公式和 Simpson 求积公式计算 $\int_1^2 \mathrm{e}^{\frac{1}{x}}\mathrm{d}x$，并估计误差.

(其中 $\mathrm{e}=2.718\,282$，$\mathrm{e}^{\frac{1}{2}}=1.648\,721$，$\mathrm{e}^{\frac{2}{3}}=1.947\,734$)

解 (1) 梯形公式.

$$\int_1^2 \mathrm{e}^{\frac{1}{x}}\mathrm{d}x\approx\frac{2-1}{2}(\mathrm{e}+\mathrm{e}^{\frac{1}{2}})\approx 2.183\,502,$$

因为
$$f''(x)=\left(\frac{2}{x^3}+\frac{1}{x^4}\right)\mathrm{e}^{\frac{1}{x}},$$

$$\max_{1\leqslant x\leqslant 2}|f''(x)|=f''(1)=8.154\,846,$$

所以
$$|R_{\mathrm{T}}|\leqslant\frac{1}{12}f''(1)=0.679\,571.$$

(2) Simpson 求积公式.

$$\int_1^2 \mathrm{e}^{\frac{1}{x}}\mathrm{d}x\approx\frac{2-1}{6}(\mathrm{e}+\mathrm{e}^{\frac{1}{2}}+4\mathrm{e}^{\frac{2}{3}})\approx 2.026\,323,$$

因为
$$f^{(4)}(x)=\left(\frac{1}{x^8}+\frac{12}{x^7}+\frac{36}{x^6}+\frac{24}{x^5}\right)\mathrm{e}^{\frac{1}{x}},$$

$$\max_{1\leqslant x\leqslant 2}|f^{(4)}(x)|=f^{(4)}(1)=198.434\,58,$$

所以
$$|R_{\mathrm{S}}|\leqslant\frac{1}{2\,880}f^{(4)}(1)=0.068\,901.$$

§5.3 复化求积公式

由余项公式(5.2.5)可知，随着等分数 n 的增大，小区间的长度 h 越来越小，对应求积公式的绝对误差限也就越来越小，精度会相应地提高. 但是当等分数 $n\geqslant 8$，Newton-Cotes 求积公式是不稳定的. 因此，不能单纯地用增加求积节点的方法来提高精度. 故实际计算时，先将积分区间$[a,b]$等分为 n 个小区间$[x_k,x_{k+1}]$，利用定积分的性质

$$\int_a^b f(x)\mathrm{d}x=\sum_{k=0}^{n-1}\int_{x_k}^{x_{k+1}}f(x)\mathrm{d}x,$$

在每个小区间上先用低阶 Newton-Cotes 求积公式求出积分值 $\int_{x_k}^{x_{k+1}} f(x)\mathrm{d}x \approx I_k$，再求和得到所求积分的近似值 $\int_a^b f(x)\mathrm{d}x \approx \sum_{k=0}^{n-1} I_k$，这样得到的近似值保证了数值稳定性，近似效果好. 显然分割的子区间越细，其和的精度越高. 这种分割求和的方法就是复化求积方法.

下面主要推导复化梯形公式和复化 Simpson 求积公式.

将积分区间 $[a,b]$ 等分为 n 个小区间 $[x_k, x_{k+1}]$，称小区间长度 $h=\frac{b-a}{n}$ 为步长，小区间的端点为 $x_k=a+kh\ (k=0,1,2,\cdots,n)$，其中，$x_0=a, x_n=b$.

5.3.1　复化梯形公式

首先用梯形公式计算每个小区间 $[x_k, x_{k+1}]$ 上的积分

$$\int_{x_k}^{x_{k+1}} f(x)\mathrm{d}x \approx \frac{h}{2}[f(x_k)+f(x_{k+1})],$$

然后把它们加起来得

$$\begin{aligned}\int_a^b f(x)\mathrm{d}x &= \sum_{k=0}^{n-1}\int_{x_k}^{x_{k+1}} f(x)\mathrm{d}x \approx \sum_{k=0}^{n-1}\frac{h}{2}[f(x_k)+f(x_{k+1})] \\ &= \frac{h}{2}[f(a)+f(b)+2\sum_{k=1}^{n-1} f(x_k)],\end{aligned}$$

记

$$T_n = \frac{h}{2}\left[f(a)+f(b)+2\sum_{k=1}^{n-1} f(x_k)\right]. \tag{5.3.1}$$

式(5.3.1)称为**复化梯形公式**.

5.3.2　复化 Simpson 公式

记小区间 $[x_k, x_{k+1}]$ 的中点为 $x_{k+\frac{1}{2}}$，用 Simpson 求积公式计算每个小区间 $[x_k, x_{k+1}]$ 上的积分

$$\int_{x_k}^{x_{k+1}} f(x)\mathrm{d}x \approx \frac{h}{6}[f(x_k)+f(x_{k+1})+4f(x_{k+\frac{1}{2}})],$$

将它们加起来得

$$\begin{aligned}\int_a^b f(x)\mathrm{d}x &= \sum_{k=0}^{n-1}\int_{x_k}^{x_{k+1}} f(x)\mathrm{d}x \\ &\approx \sum_{k=0}^{n-1}\frac{h}{6}[f(x_k)+f(x_{k+1})+4f(x_{k+\frac{1}{2}})] \\ &= \frac{h}{6}\left[f(a)+f(b)+2\sum_{k=1}^{n-1} f(x_k)+4\sum_{k=0}^{n-1} f(x_{k+\frac{1}{2}})\right],\end{aligned}$$

记

$$S_n = \frac{h}{6}\Big[f(a)+f(b)+2\sum_{k=1}^{n-1}f(x_k)+4\sum_{k=0}^{n-1}f(x_{k+\frac{1}{2}})\Big]. \tag{5.3.2}$$

式(5.3.2)称为**复化 Simpson 公式**.

5.3.3 复化求积公式的误差

记 $I=\int_a^b f(x)\mathrm{d}x$，对于梯形公式和 Simpson 求积公式有余项 (5.2.6)和(5.2.7)，对于复化梯形公式和复化 Simpson 公式，有如下误差估计式.

定理 5.3.1 设函数 $f(x)\in C^2[a,b]$，则复化梯形求积公式有如下误差：

$$I-T_n=-\frac{b-a}{12}h^2f''(\xi),\xi\in[a,b]. \tag{5.3.3}$$

证明 因为 $\int_{x_k}^{x_{k+1}}f(x)\mathrm{d}x-\frac{h}{2}[f(x_k)+f(x_{k+1})]=-\frac{h^3}{12}f''(\eta_k),\eta_k\in[x_k,x_{k+1}]$，所以 $I-T_n=\sum_{k=0}^{n-1}\Big[-\frac{h^3}{12}f''(\eta_k)\Big]=-\frac{h^3}{12}\sum_{k=0}^{n-1}f''(\eta_k)$，

又因为 $f''(x)$连续，则存在 $\xi\in[a,b]$，使得 $f''(\xi)=\frac{1}{n}\sum_{k=0}^{n-1}f''(\eta_k)$，所以

$$I-T_n=-\frac{b-a}{12}h^2f''(\xi).$$

同理可得

定理 5.3.2 设函数 $f(x)\in C^4[a,b]$，则复化 Simpson 公式有如下误差：

$$I-S_n=-\frac{b-a}{2\,880}h^4f^{(4)}(\xi),\ \xi\in[a,b]. \tag{5.3.4}$$

例 5.4 将区间[1,2]4 等分，用复化梯形公式计算 $\int_1^2 \mathrm{e}^{\frac{1}{x}}\mathrm{d}x$，并估计误差.

解 $h=\frac{2-1}{4}=0.25$，求积节点 $x_k=1+0.25k\quad(k=0,1,2,3,4)$. 先列出节点处的函数值：

k	0	1	2	3	4
x_k	1	1.25	1.5	1.75	2
$f(x_k)=\mathrm{e}^{\frac{1}{x_k}}$	2.718 282	2.225 541	1.947 734	1.768 267	1.648 721

由公式(5.3.1)

$$T_n=\frac{h}{2}[f(a)+f(b)+2\sum_{k=1}^{n-1}f(x_k)],$$

得

$$\int_1^2 e^{\frac{1}{x}}\,dx \approx T_4 = \frac{0.25}{2}\left[e + e^{\frac{1}{2}} + 2\sum_{k=1}^{3} e^{\frac{1}{x_k}}\right] = 2.031\,261.$$

又由余项公式(5.3.3)

$$I - T_n = -\frac{b-a}{12}h^2 f''(\xi),\ \xi \in [a,b],$$

得误差估计(参见例 5.3)

$$|R(f)| = \frac{2-1}{12}(0.25)^2 |f''(\xi)| \leqslant \frac{1}{192}\max_{1\leqslant x\leqslant 2}|f''(x)|$$

$$= \frac{1}{192} \times 8.154\,846 = 0.042\,473.$$

例 5.5 将区间[1,2]2 等分,用复化 Simpson 公式计算 $\int_1^2 e^{\frac{1}{x}}\,dx$,并估计误差.

解 $h=\frac{2-1}{2}=0.5$,求积节点 $x_k=1+0.5k,k=0,1,2$,则 $x_{\frac{1}{2}}=1.25,x_{\frac{3}{2}}=1.75$,节点处的函数值见例 5.4.

由公式(5.3.2)

$$S_n = \frac{h}{6}\left[f(a) + f(b) + 2\sum_{k=1}^{n-1} f(x_k) + 4\sum_{k=0}^{n-1} f(x_{k+\frac{1}{2}})\right],$$

得 $\int_1^2 e^{\frac{1}{x}}\,dx \approx S_2 = \frac{0.5}{6}\left[e + e^{\frac{1}{2}} + 2e^{\frac{2}{3}} + 4(e^{\frac{4}{5}} + e^{\frac{4}{7}})\right] = 2.019\,809.$

又由余项公式(5.3.4)

$$I - S_n = -\frac{b-a}{2\,880}h^4 f^{(4)}(\xi),\xi \in [a,b],$$

得误差估计(参见例 5.3)

$$|R(f)| = \frac{2-1}{2\,880}(0.5)^4 |f^{(4)}(\xi)| \leqslant \frac{1}{2\,880} \times \frac{1}{16}\max_{1\leqslant x\leqslant 2}|f^{(4)}(x)|$$

$$\leqslant \frac{1}{2\,880} \times \frac{1}{16} \times 198.434\,58 = 0.004\,306.$$

用复化求积公式所得的近似值显然比用梯形公式和 Simpson 求积公式得到的近似值(例 5.3)精确度高,再比较例 5.4 与例 5.5,T_4 与 S_2 的计算量基本相同,但 S_2 的精确度又要比 T_4 的精确度高.

§5.4 Romberg 算法

5.4.1 求积方法的加速

复化梯形公式算法简单，但精度很低，收敛速度缓慢. 能否设计一种方法，在复化梯形公式的基础上，使其精确度提高，收敛速度加快？

为此，先分析将区间$[a,b]$$n$等分所得的复化梯形公式$T_n$与将区间$[a,b]$$2n$等分所得的复化梯形公式$T_{2n}$之间的关系.

先将区间$[a,b]$$n$等分，步长$h=\dfrac{b-a}{n}$，节点为$x_k=a+kh\ (k=0,1,2,\cdots,n)$. 再将区间$[x_k,x_{k+1}]$等分为两个小区间，小区间的中点为$x_{k+\frac{1}{2}}$，则

$$\begin{aligned}I_k&=\int_{x_k}^{x_{k+1}}f(x)\mathrm{d}x=\int_{x_k}^{x_{k+\frac{1}{2}}}f(x)\mathrm{d}x+\int_{x_{k+\frac{1}{2}}}^{x_{k+1}}f(x)\mathrm{d}x\\&\approx\frac{1}{2}\cdot\frac{h}{2}[f(x_k)+f(x_{k+\frac{1}{2}})]+\frac{1}{2}\cdot\frac{h}{2}[f(x_{k+\frac{1}{2}})+f(x_{k+1})].\end{aligned}$$

从而

$$T_{2n}=\sum_{k=0}^{n-1}I_k=\frac{h}{4}\sum_{k=0}^{n-1}\Big[f(x_k)+f(x_{k+1})+2f(x_{k+\frac{1}{2}})\Big]=\frac{1}{2}\Big[T_n+h\sum_{k=0}^{n-1}f(x_{k+\frac{1}{2}})\Big].\tag{5.4.1}$$

由复化梯形公式的余项(5.3.3)可得

$$I-T_n=-\frac{b-a}{12}h^2f''(\xi_1),\xi_1\in[a,b],$$

$$I-T_{2n}=-\frac{b-a}{12}\left(\frac{h}{2}\right)^2f''(\xi_2),\xi_2\in[a,b].$$

从而可得

$$\frac{I-T_{2n}}{I-T_n}\approx\frac{1}{4},$$

变形可得

$$I-T_{2n}\approx\frac{1}{3}(T_{2n}-T_n),\tag{5.4.2}$$

$$I\approx\frac{4T_{2n}-T_n}{3}.\tag{5.4.3}$$

式(5.4.2)实际上是一个后验误差估计式，实际使用时，常常把$\dfrac{1}{3}$去掉，用$T_{2n}-T_n$的

值作为 $I-T_{2n}$ 的估计误差. 另外，式(5.4.3)给出了一种求定积分 $I=\int_a^b f(x)\mathrm{d}x$ 的近似值的新方法，用它计算的结果是否比 T_n，T_{2n} 好？其代数精度如何？

事实上，
$$\begin{aligned}\frac{1}{3}[4T_{2n}-T_n] &= \frac{4}{3}\cdot\frac{1}{2}\Big[T_n+h\sum_{k=0}^{n-1}f(x_{k+\frac{1}{2}})\Big]-\frac{1}{3}T_n\\ &=\frac{1}{3}T_n+\frac{2}{3}h\sum_{k=0}^{n-1}f(x_{k+\frac{1}{2}})\\ &=\frac{1}{3}\Big\{\frac{h}{2}\Big[f(x_0)+f(x_n)+2\sum_{k=1}^{n-1}f(x_k)\Big]\Big\}+\frac{2}{3}h\sum_{k=0}^{n-1}f(x_{k+\frac{1}{2}})\\ &=\frac{h}{6}\Big[f(x_0)+f(x_n)+2\sum_{k=1}^{n-1}f(x_k)+4h\sum_{k=0}^{n-1}f(x_{k+\frac{1}{2}})\Big]=S_n,\end{aligned}$$

即

$$S_n=\frac{4T_{2n}-T_n}{3}. \tag{5.4.4}$$

这说明将复化梯形公式 T_n，T_{2n} 按式(5.4.3)作线性组合，结果得到了复化 Simpson 公式，数值结果的精度得到了显著提高.

采用类似的方法可以得到

$$I-S_{2n}\approx\frac{1}{15}(S_{2n}-S_n),$$

$$I\approx\frac{16S_{2n}-S_n}{15}.$$

联系前面的 Cotes 求积公式，可以验证

$$\frac{16S_{2n}-S_n}{15}=C_n, \tag{5.4.5}$$

其中，C_n 为复化 Cotes 公式，它的代数精度比 S_n 的代数精度高.

对 C_n 也有类似的结论

$$I-C_{2n}\approx\frac{1}{63}(C_{2n}-C_n),$$

$$I\approx\frac{64C_{2n}-C_n}{63}.$$

记

$$\frac{64C_{2n}-C_n}{63}=R_n, \tag{5.4.6}$$

R_n 称为 **Romberg 求积公式**，它是比 C_n 更高阶的复化求积公式. 可以证明 R_1 具有 7 次代数精度.

5.4.2 Romberg 算法

所谓**Romberg 算法**就是按照图 5-1 所示加工流程分别采用公式(5.4.4)(5.4.5)(5.4.6)计算高精度的 Romberg 积分值 R_{2n}.

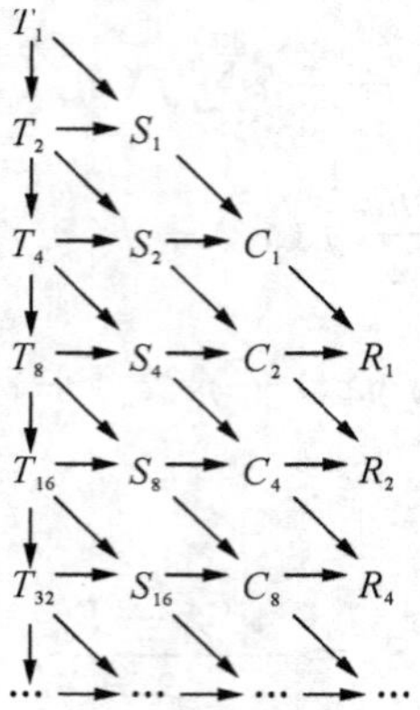

图 5-1

其中，
$$\begin{cases} T_1 = \dfrac{b-a}{2}[f(a)+f(b)], \\ T_{2n} = \dfrac{1}{2}\left[T_n + h\sum\limits_{k=0}^{n-1} f(x_{k+\frac{1}{2}})\right], \\ S_n = \dfrac{4T_{2n}-T_n}{3}, \qquad\qquad n=1,2,\cdots. \\ C_n = \dfrac{16S_{2n}-S_n}{15}, \\ R_n = \dfrac{64C_{2n}-C_n}{63}, \end{cases}$$

逐行计算,算完前五行后得 R_1,R_2,若 $|R_1-R_2|<\text{eps}$ (允许误差),就把 R_2 作为积分近似值,否则再算第六行得 R_4,若 $|R_2-R_4|<\text{eps}$,就把 R_4 作为积分近似值,否则……,直到 $|R_{2n}-R_n|<\text{eps}$ 时停止计算,并把 R_{2n}作为积分近似值.

例 5.6 用 Romberg 算法计算 $\int_0^1 e^{-x^2}dx$, $\text{eps}=\dfrac{1}{2}\times 10^{-5}$.

解 利用复化梯形公式和公式(5.4.1)以及公式(5.4.4)(5.4.5)(5.4.6)可得

$$T_1=\frac{1}{2}(1+e^{-1})=0.683\,939\,72,$$

$$T_2=\frac{1}{2}(T_1+e^{-\frac{1}{4}})=0.731\,370\,25,\quad S_1=\frac{4T_2-T_1}{3}=0.747\,180\,43,$$

$$T_4=\frac{1}{2}\left[T_2+\frac{1}{2}(e^{-\frac{1}{16}}+e^{-\frac{9}{16}})\right]=0.742\,984\,10,\quad S_2=\frac{4T_4-T_2}{3}=0.746\,855\,38,$$

$$C_1=\frac{16S_2-S_1}{15}=0.746\ 833\ 71,$$

$$T_8=\frac{1}{2}\left[T_4+\frac{1}{4}(e^{-\frac{1}{64}}+e^{-\frac{9}{64}}+e^{-\frac{25}{64}}+e^{-\frac{49}{64}})\right]=0.745\ 865\ 61,$$

$$S_4=\frac{4T_8-T_4}{3}=0.746\ 826\ 11,$$

$$C_2=\frac{16S_4-S_2}{15}=0.746\ 824\ 16, R_1=\frac{64C_2-C_1}{63}=0.746\ 824\ 01,$$

$$T_{16}=\frac{1}{2}\left[T_8+\frac{1}{8}(e^{-\frac{1}{256}}+e^{-\frac{9}{256}}+e^{-\frac{25}{256}}+e^{-\frac{49}{256}}+e^{-\frac{81}{256}}+e^{-\frac{121}{256}}+e^{-\frac{169}{256}}+e^{-\frac{225}{256}})\right]$$
$$=0.746\ 584\ 60,$$

$$S_8=\frac{4T_{16}-T_8}{3}=0.746\ 824\ 26, C_4=\frac{16S_8-S_4}{15}=0.746\ 824\ 14,$$

$$R_2=\frac{64C_4-C_2}{63}=0.746\ 824\ 14.$$

因为

$$|R_2-R_1|=0.000\ 000\ 13<\frac{1}{2}\times 10^5,$$

所以

$$\int_0^1 e^{-x^2}dx\approx R_2=0.746\ 824\ 14.$$

§5.5　Gauss 型求积公式

5.5.1　Gauss 型求积公式

由§5.2 知，插值型求积公式 $\int_a^b f(x)dx\approx\sum_{i=0}^{n}A_i f(x_i)$ 至少具有 n 次代数精度，该求积公式中含有 $2n+2$ 个待定参数 $x_i, A_i(i=0,1,\cdots,n)$. 能否适当地选取这些参数，使得该求积公式具有更高的代数精度？19 世纪初期，Gauss 解决了这个问题，它证明了存在唯一的一种选取求积节点和求积系数的方法，使得 $\int_a^b f(x)dx\approx\sum_{i=0}^{n}A_i f(x_i)$ 具有 $2n+1$ 次代数精度，并且这是可能达到的最高代数精度.

定义 5.5.1　当求积公式 $\int_a^b f(x)dx\approx\sum_{i=0}^{n}A_i f(x_i)$ 具有 $2n+1$ 次代数精度时，该公式称

为 **Gauss 型求积公式**,其节点 $x_0,x_1,\cdots,x_n$ 称为 **Gauss 型节点**.

事实上,下列公式都是 Gauss 型求积公式

$$\int_{-1}^{1} f(x)\mathrm{d}x \approx f\left(-\frac{1}{\sqrt{3}}\right)+f\left(\frac{1}{\sqrt{3}}\right), \tag{5.5.1}$$

$$\int_{-1}^{1} f(x)\mathrm{d}x \approx \frac{5}{9}f\left(-\sqrt{\frac{3}{5}}\right)+\frac{8}{9}f(0)\,\frac{5}{9}f\left(\sqrt{\frac{3}{5}}\right). \tag{5.5.2}$$

可证公式(5.5.1)具有 3 次代数精度,求积系数都是 1,Gauss 点为 $x_0=-\frac{1}{\sqrt{3}}$,$x_1=\frac{1}{\sqrt{3}}$,是两点 Gauss 型求积公式;公式(5.5.2)具有 5 次代数精度,求积系数分别是 $A_0=A_2=\frac{5}{9}$,$A_1=\frac{8}{9}$,Gauss 点为 $x_0=-\sqrt{\frac{3}{5}}$,$x_1=0$,$x_2=\sqrt{\frac{3}{5}}$,是三点 Gauss 型求积公式.

构造 Gauss 型求积公式,一般先确定 Gauss 型节点,再确定求积系数. 如何确定 Gauss 型节点? 下面的定理给出了 Gauss 型节点的基本特征.

定理 5.5.1 对插值型求积公式 $\int_a^b f(x)\mathrm{d}x \approx \sum_{i=0}^{n} A_i f(x_i)$,其节点 $x_0,x_1,\cdots,x_n$ 为 Gauss 型节点的⇔以这些点为零点的多项式 $\omega(x)=\prod_{i=0}^{n}(x-x_i)$ 满足

$$\int_a^b q(x)\omega(x)\mathrm{d}x = 0,$$

其中,$q(x)$是任意一个次数不超过 n 的多项式.

证明 先证"⇒".

设 $q(x)$是任意一个次数不超过 n 的多项式,则 $q(x)\omega(x)$是次数不超过 $2n+1$ 次的多项式. Gauss 求积公式 $\int_a^b f(x)\mathrm{d}x \approx \sum_{i=0}^{n} A_i f(x_i)$ 具有 $2n+1$ 次代数精度,因此

$$\int_a^b q(x)\omega(x)\mathrm{d}x = \sum_{i=0}^{n} q(x_i)\omega(x_i) = 0.$$

再证"⇐".

设 $f(x)$是任意一个次数不超过 $2n+1$ 次的多项式,用 $\omega(x)$去除它,记商为 $q(x)$,余项为 $p(x)$,即

$$f(x)=q(x)\omega(x)+p(x),$$

其中,$q(x)$,$p(x)$均为次数不超过 n 的多项式,且

$$f(x_i)=q(x_i)\omega(x_i)+p(x_i)=p(x_i),$$

则

$$\int_a^b f(x)\mathrm{d}x = \int_a^b q(x)\omega(x)\mathrm{d}x + \int_a^b p(x)\mathrm{d}x = \int_a^b p(x)\mathrm{d}x.$$

因为公式 $\int_a^b f(x)\mathrm{d}x \approx \sum_{i=0}^{n} A_i f(x_i)$ 为插值型求积公式，至少具有 n 次代数精度，即对任意一个次数不超过 n 的多项式 $p(x)$ 都有

$$\int_a^b p(x)\mathrm{d}x = \sum_{i=0}^{n} A_i p(x_i) = \sum_{i=0}^{n} A_i f(x_i),$$

从而

$$\int_a^b f(x)\mathrm{d}x = \sum_{i=0}^{n} A_i f(x_i).$$

所以插值型求积公式 $\int_a^b f(x)\mathrm{d}x \approx \sum_{i=0}^{n} A_i f(x_i)$ 是 Gauss 型求积公式，节点 $x_0, x_1, \cdots, x_n$ 为 Gauss 型节点.

下面介绍区间$[-1,1]$上的一个常用的 Gauss 型求积公式.

5.5.2　Gauss-Legendre 求积公式

定义 5.5.2　由 $P_0(x)=1, P_n(x)=\frac{n!}{(2n)!}\frac{d^n}{\mathrm{d}x^n}[(x^2-1)^n]$ 表示的函数称为 **Legendre 多项式.**

因为$(x^2-1)^n$ 是首项系数为 1 的 $2n$ 次多项式，所以 $P_n(x)$是首项系数为 1 的 n 次多项式.

由定义 5.5.2 可得

$$P_1(x)=x,$$

$$P_2(x)=x^2-\frac{1}{3},$$

$$P_3(x)=x^3-\frac{3}{5}x,$$

$$P_4(x)=x^4-\frac{30}{35}x^2+\frac{3}{35},$$

$$\vdots$$

Legendre 多项式 $P_{n+1}(x)$在$(-1,1)$内有 $n+1$ 个互异的实零点. 用分部积分法可以证明：对任意一个次数不超过 n 的多项式 $q(x)$有

$$\int_{-1}^{1} q(x)P_{n+1}(x)\mathrm{d}x = 0.$$

故由定理 5.5.1 知，Legendre 多项式 $P_{n+1}(x)$的零点就是 Gauss 型求积公式的 Gauss 型节点.

以 $n+1$ 次 Legendre 多项式 $P_{n+1}(x)$的零点为 Gauss 型节点构造的$[-1,1]$上求积公式 $\int_{-1}^{1} f(x)\mathrm{d}x = \sum_{i=0}^{n} A_i f(x_i)$ 称为 **Gauss-Legendre 求积公式.**

确定 Gauss 型节点后，可利用 $A_i=\int_{-1}^{1}l_i(x)\mathrm{d}x$ 求出 Gauss 求积系数，其中，$l_i(x)$是 Lagrange 插值基函数，也可利用 Gauss 型求积公式的定义求出求积系数 $A_i(i=0,1,\cdots,n)$.

例 5.7 取 2 次 Legendre 多项式 $P_2(x)=x^2-\frac{1}{3}$的零点为节点，构造两点 Gauss 型求积公式.

解 $P_2(x)=x^2-\frac{1}{3}$的零点为

$$x_0=-\frac{1}{\sqrt{3}},x_1=\frac{1}{\sqrt{3}},$$

故 Lagrange 插值基函数

$$l_0(x)=\frac{x-\frac{1}{\sqrt{3}}}{-\frac{1}{\sqrt{3}}-\frac{1}{\sqrt{3}}}=\frac{1-\sqrt{3}x}{2},l_1(x)=\frac{x+\frac{1}{\sqrt{3}}}{\frac{1}{\sqrt{3}}+\frac{1}{\sqrt{3}}}=\frac{1+\sqrt{3}x}{2},$$

从而

$$A_0=\int_{-1}^{1}l_0(x)\mathrm{d}x=1,A_1=\int_{-1}^{1}l_1(x)\mathrm{d}x=1.$$

所求 Gauss 型求积公式为

$$\int_{-1}^{1}f(x)\mathrm{d}x\approx f\left(-\frac{1}{\sqrt{3}}\right)+f\left(\frac{1}{\sqrt{3}}\right).$$

用类似的方法可以求出三点及更多点的 Gauss-Legendre 求积公式，表 5-2 给出了几个 Gauss-Legendre 求积公式的节点与系数.

表 5-2

$n+1$	x_i	A_i
3	0 ±0.774 596 7	0.888 888 9 0.555 555 6
4	±0.861 136 3 ±0.339 981 0	0.347 854 8 0.652 145 2
5	0 ±0.906 179 8 ±0.538 469 3	0.568 888 9 0.236 926 9 0.478 628 7

上面讨论的只是区间$[-1,1]$上的积分，对于一般区间$[a,b]$上的积分，可以通过变量代变换 $x=\frac{1}{2}[a+b+(b-a)t]$化为$[-1,1]$上的积分.

5.5.3 Gauss 型求积公式的稳定性

对比 Newton-Cotes 求积公式，Gauss 型求积公式不但代数精度高(它是具有最高代数精度的插值型求积公式)，而且是数值稳定性的. Gauss 型求积公式的稳定性是由于它的求积系数具有非负性.

这是因为 Gauss 型求积系数 $A_i=\int_{-1}^{1} l_i(x)\mathrm{d}x$，其中，$l_i(x)=\prod\limits_{\substack{j=0\\ j\neq i}}^{n}\dfrac{x-x_j}{x_i-x_j}$ 为 Lagrange 插值基函数($i=0,1,\cdots,n$)，又 $l_i(x_j)=\begin{cases}1, & j=i,\\ 0, & j\neq i,\end{cases}$ $l_i^2(x)$为 $2n$ 次多项式，Gauss 型求积公式对于它准确成立，所以

$$\int_a^b l_i^2(x)\mathrm{d}x=\sum_{i=0}^{n}A_i l_i^2(x_i)=A_i,$$

即 $A_i>0\ (i=0,1,\cdots,n)$.

用求积公式 $I_n=\sum\limits_{i=0}^{n}A_i f(x_i)$ 求定积分的近似值时，通常 $f(x_i)$是带有误差的，设 $\tilde{f}(x_i)$ 为 $f(x_i)$的计算值，并设 $\varepsilon_i=f(x_i)-\tilde{f}(x_i)$，$\varepsilon=\max\limits_{0\leqslant i\leqslant n}\{|\varepsilon_i|\}$，则

$$|I_n-\tilde{I}_n|=\left|\sum_{i=0}^{n}A_i f(x_i)-\sum_{i=0}^{n}A_i\tilde{f}(x_i)\right|\leqslant\sum_{i=0}^{n}A_i|\varepsilon_i|\leqslant\varepsilon\sum_{i=0}^{n}A_i.$$

即在计算过程中舍入误差是可以控制的，因此 Gauss 型求积公式是数值稳定的. Gauss 型求积公式的缺点是由于节点不等距，使复化求积或用更高次 Gauss 型求积公式计算时不能利用前面节点的函数值，计算过程比较麻烦.

§5.6　随机模拟方法

随机模拟方法也称为 Monte Carlo(蒙特卡罗)方法，是一种基于“随机数” 的计算方法. 这一方法源于美国在第二次世界大战中研制原子弹的“曼哈顿计划”. 该计划的主持人之一，数学家冯·诺伊曼用驰名世界的赌城——摩纳哥的 Monte Carlo 来命名这种方法，为它蒙上了一层神秘色彩. Monte Carlo 方法的基本思想很早以前就被人们所发现和利用. 早在 17 世纪，人们就知道用事件发生的“频率”来决定事件发生的“概率”. 19 世纪人们用投针试验的方法来决定圆周率 π. 20 世纪 40 年代电子计算机的出现，特别是近年来高速电子计算机的出现，使得用数学方法在计算机上大量、快速地模拟这样的试验成为可能.

5.6.1　随机投点法

随机投点法基本思想：考虑平面上的一个边长为 1 的正方形及其内部的一个形状不规则的图形，如何求出这个图形的面积 S 呢？

Monte Carlo 方法是这样一种“随机化”的方法：向该正方形随机地投掷 N 个点，其中有 M 个点落于图形内，则该图形的面积

$$S=\frac{M}{N}.$$

定积分的几何意义是曲边梯形的面积. 因此定积分的近似值就可以采用上述思想来求. 显然，只要被积函数 $f(x)$满足 $0\leqslant f(x)\leqslant 1$，$0\leqslant x\leqslant 1$，就可以采用上述方法来计算定积分

$$\int_0^1 f(x)\mathrm{d}x \approx \frac{k}{n},$$

其中的 n 为向[0,1]×[0,1]上随机投点 (x_i, y_i) 的总数，k 是满足 $y_i \leqslant f(x_i)$ 的点数.

对于任意区间 $[a,b]$ 上的定积分 $\int_a^b f(x)\mathrm{d}x, 0 \leqslant f(x) \leqslant 1$,

只需要作变量代换 $x = a + (b-a)t$，就有

$$\int_a^b f(x)\mathrm{d}x = (b-a)\int_0^1 f(a+(b-a)t)\mathrm{d}t,$$

仍然能用随机投点法.

例 5.8 用随机投点法计算 $\int_0^1 \sin x\mathrm{d}x$ 的近似值.

解 用 Matlab 软件的随机数生成指令 rand 生成 20 对数据(在[0,1]×[0,1]上随机投 20 个点)，一次的投点结果如图 5-2 所示，并在图中作出 $y = \sin x$ 的图像.

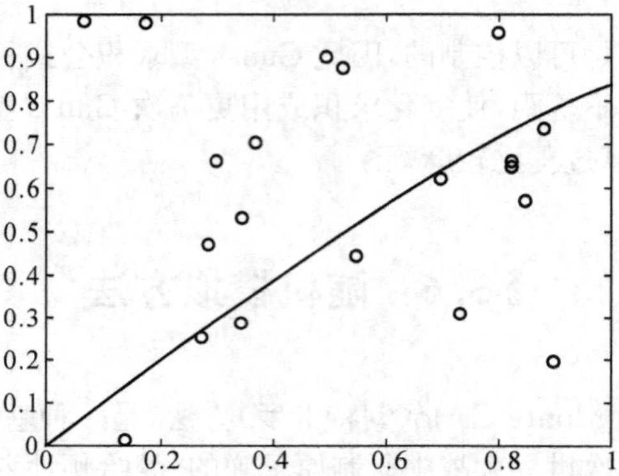

图 5-2

由图中的投点结果可以估计 $\int_0^1 \sin x\mathrm{d}x \approx \frac{11}{20}$.

5.6.2 均值估计法

函数 $f(x)$ 在区间 $[a,b]$ 上的平均值为 $\frac{1}{b-a}\int_a^b f(x)\mathrm{d}x$，从而，函数 $f(x)$ 在[0,1]上的平均值为 $\int_0^1 f(x)\mathrm{d}x$.

产生 n 个随机数 $x_i \in (0,1)\ (i=1,2,\cdots,n)$，计算 $f(x_i)$，当 n 充分大时，其平均值

$$\bar{f} = \frac{1}{n}\sum_{i=1}^{n} f(x_i).$$

可以作为 $f(x)$ 在[0,1]上的平均值的近似值. 因此，可以用平均值 $\bar{f}$ 作为定积分的近似值，即

$$\int_0^1 f(x)\mathrm{d}x \approx \frac{1}{n}\sum_{i=1}^{n} f(x_i).$$

这便是**均值估计法**.

虽然随机投点法和均值估计法都是 n 越大,近似程度越好,但是与随机投点法相比,均值估计法对被积函数 $f(x)$ 没有限制,并且只需对随机数 x_i 计算 $f(x_i)$,不需要产生随机数 y_i,也不需要作 $y_i \leqslant f(x_i)$ 的比较,显然大为方便.

例 5.9 用均值估计法计算 $\int_0^1 \sin x\mathrm{d}x$ 的近似值.

解 一次随机生成的 x_i 为 0.582 8 0.423 5 0.515 5 0.334 0 0.432 9 0.225 9 0.579 8 0.760 4 0.529 8 0.640 5.

计算得到相应的 $f(x_i)=\sin x_i$ 为 0.550 4 0.411 0 0.493 0 0.327 8 0.419 5 0.224 0 0.547 9 0.689 2 0.505 4 0.597 6.

这些数 $\sin x_i$ 的平均值为 0.476 6,因此

$$\int_0^1 \sin x\mathrm{d}x \approx 0.476\ 6.$$

均值估计法的优点不仅在于计算简单,尤其是它可以方便地推广到多重积分的近似计算,而不少多重积分近似计算的方法是非常困难的,也可能是难以理解的. 例如,可以用均值估计法计算如下的二重积分

$$\iint_D f(x,y)\mathrm{d}x\mathrm{d}y, \quad D: 0 \leqslant x \leqslant 1, 0 \leqslant g_1(x) \leqslant y \leqslant g_2(x) \leqslant 1.$$

设 (x_i, y_i) $(i=1,2,\cdots,n)$ 是相互独立的 n 个随机数组,判断每个点 (x_i, y_i) 是否落在 D 内,将落在 D 内的 m 个点记为 (x_k, y_k) $(k=1,2,\cdots,m)$,则

$$\iint_D f(x,y)\mathrm{d}x\mathrm{d}y \approx \frac{1}{n}\sum_{k=1}^{m} f(x_k).$$

注意

上式是对 m 个落在 D 内的点的函数值求和,分母却是 n.
当积分区域 D 不属于 $0\leqslant x\leqslant 1, 0\leqslant y\leqslant 1$ 时,如同前面,需先作变量代换.

§5.7 数值微分

已知函数 $f(x)$ 的解析表达式,可求出导函数 $f'(x)$ 及导数值 $f'(x_i)$. 一方面,如果 $f'(x)$ 的表达式较复杂,求导数值 $f'(x_i)$ 的计算量就较大,因此需要寻找求 $f'(x_i)$ 的近似值的方法;另一方面,如果不知函数 $f(x)$ 的解析式,只知函数 $f(x)$ 在若干个点 $x_0, x_1, \cdots, x_n$ 处的函数值 $f(x_i)$,又如何求 $f'(x_i)$ 的近似值? 求 $f'(x_i)$(或 $f''(x_i)$, $f'''(x_i)$ 等)的近似值的方法称为**数值微分**.

5.7.1 差商微分公式

已知函数 $f(x)$ 在区间 $[a,b]$ 上一组等距节点 $x_i=a+ih$ 处的函数值 $f(x_i)(i=1,2,\cdots,n)$，其中 $h=\dfrac{b-a}{n}$，求 $f'(x_i)$ 的近似值.

最简单的方法是用差商代替微商.

因为

$$f'(x_i)=\lim_{h\to 0}\frac{f(x_i+h)-f(x_i)}{h}=\lim_{h\to 0}\frac{f(x_i)-f(x_i-h)}{h}=\lim_{h\to 0}\frac{f(x_i+h)-f(x_i-h)}{2h},$$

所以取 h 适当的小，得

向前差商微分公式： $$f'(x_i)\approx\frac{f(x_i+h)-f(x_i)}{h},\tag{5.7.1}$$

向后差商微分公式： $$f'(x_i)\approx\frac{f(x_i)-f(x_i-h)}{h},\tag{5.7.2}$$

中心差商微分公式： $$f'(x_i)\approx\frac{f(x_i+h)-f(x_i-h)}{2h}.\tag{5.7.3}$$

如果 $f(x)$ 在区间 $[a,b]$ 上 2 阶可导，由 Taylor 公式

$$f(x_i+h)=f(x_i)+f'(x_i)h+\frac{1}{2!}f''(x_i)h^2+\cdots,$$

$$f(x_i-h)=f(x_i)-f'(x_i)h+\frac{1}{2!}f''(x_i)h^2+\cdots,$$

可得

$$f'(x_i)=\frac{f(x_i+h)-f(x_i)}{h}-\frac{1}{2}hf''(\xi_1),\quad \xi_1\in(a,b),$$

$$f'(x_i)=\frac{f(x_i)-f(x_i-h)}{h}+\frac{1}{2}hf''(\xi_2),\quad \xi_2\in(a,b).$$

同理，如果 $f(x)$ 在区间 $[a,b]$ 上 3 阶可导，可得

$$f'(x_i)=\frac{f(x_i+h)-f(x_i-h)}{2h}+\frac{1}{6}h^2f'''(\xi_3),\quad \xi_3\in(a,b).$$

上述三个公式是带余项的一阶差商微分公式. 由 Taylor 公式还可推出二阶差商微分公式

$$f''(x_i)=\frac{f(x_i+h)-2f(x_i)+f(x_i-h)}{h^2}-\frac{1}{12}h^4f^{(4)}(\xi_4),\xi_4\in(a,b).$$

从余项可知一阶向前差商微分公式、向后差商微分公式的截断误差是 $O(h)$，而一阶中心差商微分公式的截断误差是 $O(h^2)$，精度稍高. 并且，当 h 越小，截断误差越小. 但是，由于舍入误差的存在，使用上述数值公式时，不能把 h 取得太小. 请看下例.

例 5.10　用中心差商公式(5.7.3)求 $f(x)=e^x$ 在 $x=1$ 处的一阶导数.

解　记用中心差商公式(5.7.3)计算得到的近似导数值为

$$Z(h)=\frac{f(1+h)-f(1-h)}{2h},$$

分别取不同的 h，并与其准确值 $f'(1)=e$ 作差得到如下的计算结果：

$$Z\left(\frac{1}{2}\right)-e=0.11468597117889,\quad Z\left(\frac{1}{2^3}\right)-e=0.00708439134469,$$

$$Z\left(\frac{1}{2^6}\right)-e=0.00011060852094,\quad Z\left(\frac{1}{2^{12}}\right)-e=0.00000002700387,$$

$$Z\left(\frac{1}{2^{40}}\right)-e=-0.00002010970905,\quad Z\left(\frac{1}{2^{48}}\right)-e=-0.03078182845905.$$

从上述计算结果看出，并非步长 h 取得越小，计算精确度越高. 上述这种现象是由于其计算结果受到了舍入误差和截断误差的综合影响. 因此，在使用中心差商微分公式求数值微分时，应综合两种误差影响选取最优步长，可以证明中心差商公式的最优步长 $h^*=\sqrt[3]{\frac{3\varepsilon}{M}}$，这里的 ε 是计算 $f(x_{i+1})$ 和 $f(x_{i-1})$ 时产生的舍入误差，$M=\max\limits_{x_{i-1}\leqslant x\leqslant x_{i+1}}(|f'''(x)|)$.

5.7.2　插值型求导公式

利用给定的节点及相对应的函数值可以构造函数 $f(x)$ 的 n 次插值多项式

$$P_n(x)\approx f(x),$$

从而

$$f'(x)\approx P_n'(x).$$

由第四章可得

$$f(x)=P_n(x)+\frac{f^{(n+1)}[\xi(x)]}{(n+1)!}\omega_{n+1}(x),$$

其中，$\omega_{n+1}(x)=\prod\limits_{j=0}^{n}(x-x_j)$，则

$$f'(x)=P'_n(x)+\frac{1}{(n+1)!}\omega_{n+1}(x)\frac{\mathrm{d}}{\mathrm{d}x}f^{(n+1)}[\xi(x)]+\frac{f^{(n+1)}[\xi(x)]}{(n+1)!}\omega'_{n+1}(x).$$

从而可得**插值型求导公式**

$$f'(x_i)=P'_n(x_i)+\frac{f^{(n+1)}[\xi(x_i)]}{(n+1)!}\omega'_{n+1}(x_i),$$

其中，$\omega'_{n+1}(x_i)=\prod\limits_{\substack{j=0\\j\neq i}}^{n}(x_i-x_j)$.

当 $n=2$ 时，二次插值多项式

$$P_2(x)=f_0\frac{(x-x_1)(x-x_2)}{(x_0-x_1)(x_0-x_2)}+f_1\frac{(x-x_0)(x-x_2)}{(x_1-x_0)(x_1-x_2)}+f_2\frac{(x-x_0)(x-x_1)}{(x_2-x_0)(x_2-x_1)}.$$

如果节点为等距节点 $x_i=x_0+ih\quad(i=0,1,2)$，则

$$P'_2(x)=\frac{2x-x_1-x_2}{2h^2}f_0-\frac{2x-x_0-x_2}{h^2}f_1+\frac{2x-x_0-x_1}{2h^2}f_2.$$

由此可得带余项的三点微分公式

$$\begin{cases}f'(x_0)=\dfrac{1}{2h}(-3f_0+4f_1-f_2)+\dfrac{1}{3}h^2f'''(\xi_1),\\ f'(x_1)=\dfrac{1}{2h}(-f_0+f_2)-\dfrac{1}{6}h^2f'''(\xi_2),\\ f'(x_2)=\dfrac{1}{2h}(f_0-4f_1+3f_2)+\dfrac{1}{3}h^2f'''(\xi_3).\end{cases}\tag{5.7.4}$$

用与 $n=2$ 类似的方法可推出 $n=4$ 时的带余项的五点微分公式如下：

$$\begin{cases}f'(x_0)=\dfrac{1}{12h}(-25f_0+48f_1-36f_2+16f_3-3f_4)+\dfrac{1}{5}h^4f^{(5)}(\xi),\\ f'(x_1)=\dfrac{1}{12h}(-3f_0-10f_1+18f_2-6f_3+f_4)-\dfrac{1}{20}h^4f^{(5)}(\xi),\\ f'(x_2)=\dfrac{1}{12h}(f_0-8f_1+8f_2-f_4)-\dfrac{1}{30}h^4f^{(5)}(\xi),\\ f'(x_3)=\dfrac{1}{12h}(-f_0+6f_1-18f_2+10f_3+3f_4)-\dfrac{1}{20}h^4f^{(5)}(\xi),\\ f'(x_4)=\dfrac{1}{12h}(3f_0-16f_1+36f_2-48f_3+25f_4)+\dfrac{1}{5}h^4f^{(5)}(\xi).\end{cases}$$

显然用五点微分公式求导数的近似值，其精度高于三点微分公式，一般都可以获得满意的结果. 对于给定的数据表，五个节点的选择方法，一般在所求的点的两侧各选两个节点，如一侧不足两个，则在另一侧补足.

用插值多项式 $P_n(x)$ 作为 $f(x)$ 的近似函数，还可以建立高阶数值微分公式

$$f^{(k)}(x)\approx P^{(k)}(x)(k=1,2,\cdots),$$

但该公式只在节点处比较可靠.

与 Taylor 展开法相比，插值法的构造并不要求节点 x_i 是等距的，因此插值型求导方法的适用范围更广泛. 有些时候，也可以使用更复杂的插值技术（比如三次样条插值）来求数值微分.

习题 5

1. 分别用梯形公式、Simpson 公式对定积分 $\int_1^2 \sqrt{x}\mathrm{d}x$ 进行数值计算.

2. 说明中矩形求积公式的几何意义，并证明：

$$\int_a^b f(x)\mathrm{d}x=(b-a)f\left(\frac{a+b}{2}\right)+\frac{(b-a)^3}{24}f''(\eta),a\leqslant\eta\leqslant b.$$

3. 求近似公式

$$\int_0^1 f(x)\mathrm{d}x\approx\frac{1}{3}\left[2f\left(\frac{1}{4}\right)-f\left(\frac{1}{2}\right)+2f\left(\frac{3}{4}\right)\right]$$

的代数精度.

4. 试确定下列公式中的待定参数，使其代数精度尽量的高.

(1) $\int_{-1}^1 f(x)\mathrm{d}x=\frac{1}{3}[f(-1)+3f(\alpha)+3f(\beta)]$；

(2) $\int_{-1}^1 f(x)\mathrm{d}x=a_0f(-1)+a_1f(0)+a_2f(1)$.

5. 分别用复化梯形公式($n=5$)和复化 Simpson 公式($n=3$)计算下列积分.

(1) $\int_0^1 \frac{\sin x}{x}\mathrm{d}x$；　　(2) $\int_0^{\frac{\pi}{6}} \sqrt{4-\sin^2 x}\mathrm{d}x$.

6. 用复化梯形公式计算积分 $I=\int_0^1 \frac{1}{(1+x)\sqrt{x}}\mathrm{d}x$，精确至 3 位有效数字.

7. 给定数据：

x	1.30	1.32	1.34	1.36	1.38
$f(x)$	3.602 1	3.903 3	4.255 6	4.673 4	5.177 4

用复化 Simpson 公式求 $I=\int_{1.30}^{1.38} f(x)\mathrm{d}x$ 的近似值，并估计误差.

8. 用 Romberg 方法计算下列积分，要求误差不超过 eps.

(1) $\int_0^{0.8} \sqrt{x}\mathrm{d}x$ (eps $=0.01$)；　　(2) $\frac{2}{\pi}\int_0^1 \mathrm{e}^{-x^2}\mathrm{d}x$ (eps $=0.000\,01$).

9. 证明：求积公式

$$\int_{-1}^1 f(x)\mathrm{d}x\approx\frac{1}{9}[5f(\sqrt{0.6})+8f(0)+5f(-\sqrt{0.6})]$$

对于不高于 5 次的多项式是准确成立的，并计算 $\int_0^1 \frac{\sin x}{1+x}\mathrm{d}x$.

10. 已知函数 $f(x)=\dfrac{1}{(1+x)^2}$ 的一组数据如下：

x	1.0	1.1	1.2
$f(x)$	0.250 0	0.226 6	0.206 6

试用三点微分公式求 $f'(x)$在 $x=1.0$，1.1，1.2 处的近似值，并估计误差.

11. 已知函数 $f(x)=e^x$ 的函数值如下：

x	0.00	0.90	0.99	1.00	1.01	1.10	2.00
$f(x)$	1.000	2.460	2.691	2.718	2.746	3.004	7.389

(1) 应用中心差商微分公式

$$f'(x)\approx\frac{f(x+h)-f(x-h)}{2h}$$

计算 $f'(1)$，分别取步长 $h=1,0.1,0.01$，由计算结果分析算法的稳定性；

(2) 应用中心差商微分公式

$$f''(x)\approx\frac{f(x+h)-2f(x)+f(x-h)}{h^2},$$

取步长 $h=0.1$，计算 $f''(1)$.

第6章 常微分方程初值问题数值解法

科学研究和工程技术中的许多问题都需要求解常微分方程或常微分方程组，虽然《常微分方程》的课程里，建立了常微分方程解的存在性、唯一性和稳定性理论，但是除了少数特殊类型的常微分方程能用解析方法求得其精确解外，多数情况找不到常微分方程的解的表达式. 因此，采用适当的数值方法求常微分方程或常微分方程组的解已成为解常微分方程的主要手段.

本章主要讨论一阶常微分方程初值问题的数值解法，并由此而讨论常微分方程组和高阶常微分方程的数值解法.

§6.1 引 言

本节主要介绍一阶常微分方程初值问题

$$\begin{cases} y'=f(x,y), & a\leqslant x\leqslant b, \\ y(a)=y_0 \end{cases} \tag{6.1.1}$$

的数值解法，其中，$f(x,y)$为已知函数，y_0 是给定的初值.

在常微分方程的理论中，只要函数 $f(x,y)$在矩形区域

$$S=\{(x,y)\mid x\in[a,b],y\in(-\infty,+\infty)\}$$

内连续，并且关于变量 y 满足 Lipschitz 条件：即对 $\forall(x,y_1),(x,y_2)\in S$，存在正常数 L，使得

$$|f(x,y_1)-f(x,y_2)|\leqslant L|y_1-y_2|, \tag{6.1.2}$$

则一阶常微分方程初值问题(6.1.1)存在唯一解 $y(x)$. Lipschitz 常数 L 一般可由 $\left|\dfrac{\partial f}{\partial x}\right|<L$ 决定. 本章总假设 $f(x,y)$满足唯一解存在的条件(6.1.2).

求解一阶常微分方程初值问题(6.1.1)的数值方法的主要步骤为：

(1) 将定解区间$[a,b]$离散化；

(2) 根据离散化了的定解区间，或用差商逼近导数，或用 Taylor 公式，或用数值微分公

式等方法离散问题(6.1.1)得到递推公式；

(3) 求解递推公式.

定解区间$[a,b]$离散化就是在区间$[a,b]$上引入有限个离散点$a=x_0<x_1<\cdots<x_n=b$(这些点x_i通常称之为节点)，相邻两个节点间的距离$h_i=x_i-x_{i-1}$称为由x_{i-1}到x_i的步长，它可以相等也可以不等，今后如不特别说明，总假定步长是相等的，即$h_i=h(i=1,2,\cdots,n)$，此时节点$x_i=a+ih(i=0,1,\cdots,n)$.

一阶常微分方程初值问题(6.1.1)的数值解法，就是不求出微分方程的解$y(x)$的解析式，而是直接求$y(x)$在上述离散点$x_0,x_1,\cdots,x_n$处的函数值$y(x_i)$的近似值$y_i(i=1,2,\cdots,n)$. 按某种方法求出来的近似值的近似程度如何，这就要研究该数值方法的精度、收敛性和稳定性.

§6.2 Euler 方法

在一阶常微分方程初值问题(6.1.1)中，可用数值微分公式近似导数，所用的数值微分公式不同，得到不同的求解方法.

6.2.1 Euler 公式

对于$y(x)$，在x_i处用向前差商近似$y'(x_i)$，即

$$\frac{y(x_{i+1})-y(x_i)}{h}\approx y'(x_i).$$

注意到$y'(x_i)=f[x_i,y(x_i)]$，y_i,y_{i+1}为$y(x_i),y(x_{i+1})$的近似值，于是就得到求解微分方程的初值问题(6.1.1)的一种方法——**Euler 方法**：

$$\begin{cases}y_{i+1}=y_i+hf(x_i,y_i)\quad(i=0,1,2,\cdots,n-1),\\ y\Big|_{x=x_0}=y_0.\end{cases}\tag{6.2.1}$$

公式(6.2.1)是一个递推公式，它给出了微分方程的解$y(x)$在相邻两节点的函数值的近似值的递推关系，利用它从y_0出发可以逐步求出$y_1,y_2,\cdots,y_n$，从而得到了$y(x_1)$，$y(x_2),\cdots,y(x_n)$的近似值. 当y_i已知时，由公式(6.2.1)直接计算可得到y_{i+1}，这种方法称为显式方法. 公式(6.2.1)称为 **Euler 公式或显式 Euler 公式.**

微分方程的初值问题(6.1.1)的解$y(x)$是xOy坐标面上的一条曲线，这条曲线上任意一点(x,y)处的切线的斜率为$f(x,y)$. Euler 公式的求解过程实际上是从初始点$P_0(x_0,y_0)$出发，沿斜率$y'(x_0)=f(x_0,y_0)$方向推进到$P_1(x_1,y_1)$，然后再从$P_1(x_1,y_1)$出发，沿斜率$y'(x_1)=f(x_1,y_1)$方向推进到$P_2(x_2,y_2)$，循此前进我们逐渐可以得出一条折线$P_0(x_0,y_0)P_1(x_1,y_1)P_2(x_2,y_2)\cdots P_n(x_n,y_n)$，用此折线作为解$y(x)$近似曲线(如图 6-1 所示). 因此，人们常把 Euler 方法称为折线法.

用 Euler 方法计算$y(x_{i+1})$的近似值y_{i+1}只用了前一点x_i处的近似值y_i，这种方法称为**单步法**. Euler 方法是步进式的方法，用 Euler 方法求近似解y_n的过程是一步一步向前推进的.

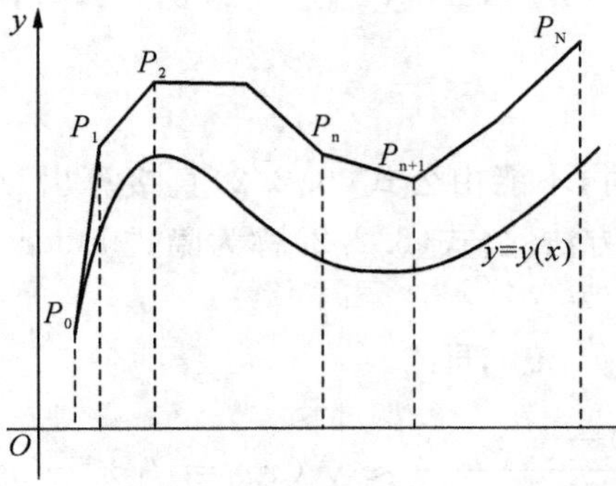

图 6-1

例 6.1 取步长 $h=0.1$,用 Euler 方法求解微分方程初值问题

$$\begin{cases} y' = \dfrac{xy-y^2}{x^2}, \quad 1 \leqslant x \leqslant 1.5, \\ y(1) = 2. \end{cases}$$

解 这里 $f(x,y)=\dfrac{xy-y^2}{x^2}$,$1\leqslant x\leqslant 1.5$,$h=0.1$,$x_i=1+ih$ $(i=0,1,2,\cdots,5)$,由 Euler 公式(6.2.1)得

$$\begin{cases} y_{i+1} = y_i + 0.1 \times \left(\dfrac{x_i y_i - y_i^2}{x_i^2}\right) \quad (i=0,1,2,\cdots,5), \\ y(1) = 2. \end{cases}$$

计算结果见下表$\left(\text{该微分方程的解为 } y=\dfrac{x}{0.5+\ln x}\right)$:

i	x_i	y_i	$y(x_i)$	$y(x_i)-y_i$
0	1	2.000 0	2.000 0	0
1	1.1	1.800 0	1.847 8	0.047 8
2	1.2	1.695 9	1.758 7	0.062 8
3	1.3	1.637 5	1.705 2	0.067 7
4	1.4	1.604 8	1.673 7	0.068 9
5	1.5	1.588 0	1.656 6	0.068 6

在 x_{i+1} 处用向后差商逼近导数 $y'(x_{i+1})$,即

$$\frac{y(x_{i+1})-y(x_i)}{h} \approx y'(x_{i+1}).$$

注意到 $y'(x_{i+1})=f[x_{i+1},y(x_{i+1})]$,$y_i$,$y_{i+1}$ 为 $y(x_i)$,$y(x_{i+1})$ 的近似值,于是就得到求解问题(6.1.1)的另一种方法:

$$\begin{cases} y_{i+1}=y_i+hf(x_{i+1},y_{i+1}) \quad (i=0,1,2,\cdots,n-1), \\ y\Big|_{x=x_0}=y_0. \end{cases} \tag{6.2.2}$$

这也是单步法，但当 y_i 已知时，不能由公式(6.2.2)直接算出 y_{i+1}，而是通过解方程得到 y_{i+1}. 因此这种方法称为隐式方法. 公式(6.2.2)称为**隐式 Euler 公式**(也称为**后退 Euler 公式**).

在 x_i 处用中心差商近似 $y'(x_i)$，即

$$\frac{y(x_{i+1})-y(x_{i-1})}{2h}\approx y'(x_i)=f[x_i,y(x_i)],$$

便可得到中心差分公式

$$\begin{cases} y_{i+1}=y_{i-1}+2hf(x_i,y_i) \quad (i=1,2,\cdots,n-1), \\ y\Big|_{x=x_0}=y_0. \end{cases} \tag{6.2.3}$$

它也为显式方法，但计算 y_{i+1} 需要知道 y_{i-1} 和 y_i 的值. 这种方法称为二步法.

一般，若计算 y_{i+1} 需要利用前面若干个值 $y_i,y_{i-1},\cdots$ 的方法称为多步法.

6.2.2 梯形公式

除了用数值微分公式推导微分方程的初值问题(6.1.1)的数值解法外，还可利用 Taylor 公式或数值积分公式来推导微分方程的初值问题(6.1.1)的数值解法.

根据微积分基本公式

$$y(x_{i+1})-y(x_i)=\int_{x_i}^{x_{i+1}}y'(x)\mathrm{d}x=\int_{x_i}^{x_{i+1}}f[x,y(x)]\mathrm{d}x,$$

用不同的数值积分公式计算 $\int_{x_i}^{x_{i+1}}f[x,y(x)]\mathrm{d}x$，便可得到不同的微分方程的数值解法.

用梯形公式计算 $\int_{x_i}^{x_{i+1}}f[x,y(x)]\mathrm{d}x$，便得到

$$\begin{cases} y_{i+1}=y_i+\dfrac{h}{2}[f(x_i,y_i)+f(x_{i+1},y_{i+1})] \quad (i=0,1,2,\cdots,n-1), \\ y\Big|_{x=x_0}=y_0. \end{cases} \tag{6.2.4}$$

该方法称为**梯形方法**，是隐式的单步法.

6.2.3 局部截断误差和方法的阶

综上所述，微分方程的初值问题(6.1.1)的数值解法是不唯一的，用不同的方法求得的数值解相对于精确解的误差是不同的. 下面讨论哪一种方法的误差小，精确度高. 为此，先介绍局部截断误差的概念.

从 x_0 开始计算，如果考虑每一步产生的误差，直到 x_{i+1}，则有误差 $e_{i+1}=y(x_{i+1})-y_{i+1}$，

称为方法在 x_{i+1} 点的**整体截断误差**. 分析和求得整体截断误差 e_{i+1} 是复杂的. 为此,仅考虑从 x_i 到 x_{i+1} 的局部情况,并假设在 x_i 处 y_i 没有误差,即在 $y_i=y(x_i)$ 的前提下估计误差 $T_{i+1}=y(x_{i+1})-y_{i+1}$,这种误差称为**局部截断误差**.

定义 6.2.1　若一种数值方法的局部截断 $T_{i+1}=O(h^{p+1})$,其中 $p\geqslant 1$ 为整数,则称该方法具有 **p 阶精度**,或称该方法是 **p 阶方法**.

下面,利用 Taylor 公式来讨论上述方法的精度.

一、Euler 方法的精度

因为 Euler 公式为 $y_{i+1}=y_i+hf(x_i,y_i)=y_i+y'(x_i)h$,将 $y(x_{i+1})$ 在 x_i 处按 Taylor 公式展开得

$$y(x_{i+1})=y(x_i)+y'(x_i)h+\frac{y''(\xi)}{2}h^2,x_i\leqslant\xi\leqslant x_{i+1},$$

所以局部误差

$$T_{i+1}=y(x_{i+1})-y_{i+1}=\frac{y''(\xi)}{2}h^2=O(h^2).$$

因此 Euler 公式(6.2.1)是一阶方法.

同理可证隐式 Euler 方法也是一阶方法.

二、梯形方法的精度

梯形公式为 $y_{i+1}=y_i+\dfrac{h}{2}[f(x_i,y_i)+f(x_{i+1},y_{i+1})]=y_i+\dfrac{h}{2}[y'(x_i)+y'(x_{i+1})]$,

将 $y'(x_{i+1})$ 在 x_i 处按 Taylor 公式展开得

$$y'(x_{i+1})=y'(x_i)+y''(x_i)h+\frac{y'''(\xi_1)}{2}h^2,x_i\leqslant\xi_1\leqslant x_{i+1},$$

则梯形公式可化为

$$y_{i+1}=y(x_i)+y'(x_i)h+\frac{y''(x_i)}{2}h^2+\frac{y'''(\xi_1)}{4}h^3.$$

又因为

$$y(x_{i+1})=y(x_i)+y'(x_i)h+\frac{y''(x_i)}{2}h^2+\frac{y'''(\xi_2)}{3!}h^3,x_i\leqslant\xi_2\leqslant x_{i+1},$$

则局部误差

$$T_{i+1}=y(x_{i+1})-y_{i+1}=\left[\frac{y'''(\xi_2)}{6}-\frac{y'''(\xi_1)}{4}\right]h^3=O(h^3),$$

所以梯形公式是二阶方法.

同理可证中心差分公式也是二阶方法.

6.2.4　改进 Euler 方法

Euler 方法简单,但精度不高. 梯形公式精度较高,但它是隐式的方法,需要解方程才能

求出 y_{i+1}. 因此,人们考虑将这两种方法结合起来使用,既提高方法的精度,又计算简便. 于是得到**改进 Euler 方法**:

$$\begin{cases} y_{i+1}^{(0)} = y_i + hf(x_i, y_i), \\ y_{i+1} = y_i + \frac{h}{2}[f(x_i, y_i) + f(x_{i+1}, y_{i+1}^{(0)})] \quad (i = 0,1,2,\cdots,n-1), \\ y\Big|_{x=x_0} = y_0. \end{cases} \tag{6.2.5}$$

改进 Euler 方法实际上是一个用 Euler 公式(6.2.1)作预测、用梯形公式(6.2.4)作校正的预测-校正系统的方法,它是二阶方法. 公式(6.2.5)称为**改进 Euler 公式**.

例 6.2 用改进 Euler 方法求解初值问题(取 $h=0.1$)

$$\begin{cases} y' = \frac{xy - y^2}{x^2}, \quad 1 \leqslant x \leqslant 1.5, \\ y(1) = 2. \end{cases}$$

解 这里 $f(x,y) = \frac{xy - y^2}{x^2}, 1 \leqslant x \leqslant 1.5, h = 0.1, x_i = 1 + ih \ (i = 0,1,2,3,4,5)$, 由改进 Euler 公式(6.2.5)得

$$\begin{cases} y_{i+1}^{(0)} = y_i + 0.1 \times \frac{x_i y_i - y_i^2}{x_i^2}, \\ y_{i+1} = y_i + 0.05 \times \left[\frac{x_i y_i - y_i^2}{x_i^2} + \frac{x_{i+1} y_{i+1}^{(0)} - {y_{i+1}^{(0)}}^2}{x_{i+1}^2}\right] \quad (i = 0,1,2,3,4), \\ y\Big|_{x=1} = 2. \end{cases}$$

$\left(\text{该微分方程的解为 } y = \frac{x}{0.5 + \ln x}\right)$

其计算结果见下表:

i	x_i	y_i	$y(x_i)$	$y(x_i) - y_i$
0	1	2.000 0	2.000 0	0
1	1.1	1.847 9	1.847 8	0.000 2
2	1.2	1.758 7	1.758 7	0.000 0
3	1.3	1.705 0	1.705 2	0.000 2
4	1.4	1.673 4	1.673 7	0.000 3
5	1.5	1.656 2	1.656 6	0.000 4

与 Euler 方法(例 6.1)的计算结果比较,误差减少,精度增加.

§6.3 Runge-Kutta 方法

6.3.1 Taylor 级数法

设 $y(x)$ 是微分方程初值问题(6.1.1)的解，并且 $y(x)$ 在 $[a,b]$ 上充分光滑，由 Taylor 公式有

$$y(x_{i+1}) = y(x_i) + hy'(x_i) + \cdots + \frac{h^p}{p!}y^{(p)}(x_i) + \frac{h^{p+1}}{(p+1)!}y^{(p+1)}(\xi),$$

其中 $\xi \in (x_i, x_{i+1})$，约去余项 $\frac{h^{p+1}}{(p+1)!}y^{(p+1)}(\xi)$，并用 y_i 代替 $y(x_i)$，可得微分方程初值问题(6.1.1)的数值求解公式

$$y_{i+1} = y_i + hy'(x_i) + \cdots + \frac{h^p}{p!}y^{(p)}(x_i), \tag{6.3.1}$$

这是一个 p 阶单步法.

因为 $y' = f(x,y)$，所以由二元复合函数求导法则得

$$y''(x) = f_x(x,y) + f_y(x,y)f(x,y),$$

$$\begin{aligned} y'''(x) = & f_{xx}(x,y) + 2f_{xy}(x,y)f(x,y) + f_{yy}(x,y)[f(x,y)]^2 \\ & + f_y(x,y)[f_x(x,y) + f_y(x,y)f(x,y)], \\ & \vdots \end{aligned}$$

即 $y(x)$ 的各阶导数均可用 $f(x,y)$ 及其各阶偏导数表示.

当 $p=1$ 时，得到一阶单步法(又称**一阶 Taylor 级数法**)

$$y_{i+1} = y_i + hy'(x_i) = y_i + hf(x_i, y_i),$$

它就是 Euler 公式.

当 $p=2$ 时，得到二阶单步法(又称**二阶 Taylor 级数法**)

$$\begin{aligned} y_{i+1} &= y(x_i) + hy'(x_i) + \frac{h^2}{2}y''(x_i) \\ &= y_i + hf(x_i, y_i) \\ &\quad + \frac{h^2}{2}[f_x(x_i, y_i) + f_y(x_i, y_i)f(x_i, y_i)]. \end{aligned}$$

原则上讲，由 Taylor 公式可以建立微分方程初值问题(6.1.1)的任意阶单步法. 但是，由于 $f(x,y)$ 的高阶偏导数过于复杂，也不方便在计算机上实现，因此这种方法很少采用. Runge 和 Kutta 在公式(6.3.1)的基础上建立了一种新的数值方法——Runge-Kutta 方法.

6.3.2 Runge-Kutta 方法的基本思想

考察差商$\dfrac{y(x_{i+1})-y(x_i)}{h}$,由 Lagrange 微分中值定理,存在$\xi\in(x_i,x_{i+1})$,使得

$$\frac{y(x_{i+1})-y(x_i)}{h}=y'(\xi).$$

因为$y'=f(x,y)$,所以有

$$y(x_{i+1})=y(x_i)+hf[\xi,y(\xi)]=y(x_i)+hk^*,$$

其中,$k^*=f[\xi,y(\xi)]=y'(\xi)$称为$y(x)$在区间$[x_i,x_{i+1}]$上的平均斜率.只要对平均斜率$k^*$提供一种算法,便可相应地导出微分方程初值问题(6.1.1)的一种数值计算公式.

Euler 公式$y_{i+1}=y_i+hf(x_i,y_i)$是简单地取x_i处的斜率$k_1=f(x_i,y_i)$为平均斜率k^*,其局部截断误差为$O(h^2)$.

改进 Euler 公式$y_{i+1}=y_i+\dfrac{h}{2}[f(x_i,y_i)+f(x_{i+1},y_{i+1}^{(0)})]$是用两个点$x_i$和$x_{i+1}$处的斜率值$k_1$和$k_2$的算术平均值作为平均斜率$k^*$,而$x_{i+1}$处的斜率值$k_2$则利用已知信息$y_i$通过 Euler 公式来预报,故改进 Euler 公式可写为

$$\begin{cases}y_{i+1}=y_i+\dfrac{h}{2}(k_1+k_2),\\ k_1=f(x_i,y_i),\\ k_2=f(x_i+h,y_i+hk_1),\end{cases}$$

其局部截断误差为$O(h^3)$.

这个过程启发我们:如果设法在区间$[x_i,x_{i+1}]$内多预报几个点的斜率值,然后将它们加权平均作为平均斜率k^*,则有可能构造出具有更高精度的数值公式,这就是 Runge-Kutta 方法的基本思想.

6.3.3 二阶 Runge-Kutta 方法

考察区间$[x_i,x_{i+1}]$内一点$x_{i+p}=x_i+ph(0<p\leqslant 1)$,用$x_i$和$x_{i+p}$处的斜率值$k_1$和$k_2$加权平均得到平均斜率$k^*$,即令

$$k^*=c_1k_1+c_2k_2(c_1,c_2\text{为待定常数,且}c_1+c_2=1),$$

从而得到微分方程初值问题(6.1.1)的数值计算公式

$$\begin{cases}y_{i+1}=y_i+h(c_1k_1+c_2k_2),\\ k_1=f(x_i,y_i),\\ k_2=f(x_i+ph,y_i+qhk_1),\end{cases}\tag{6.3.2}$$

其中,p,q为待定常数.选取c_1,c_2,p,q使其局部截断误差

$$T_{i+1}=y(x_{i+1})-y_{i+1}=O(h^3).$$

仍假定 $y_i=y(x_i)$，把 k_2 在 (x_i,y_i) 处按 Taylor 公式展开

$$\begin{aligned}k_2&=f(x_i+ph,y_i+qhk_1)\\&=f(x_i,y_i)+f_x(x_i,y_i)ph+f_y(x_i,y_i)qhk_1+O(h^2),\end{aligned}$$

则

$$\begin{aligned}y_{i+1}&=y_i+c_1hf(x_i,y_i)+c_2h[f(x_i,y_i)+f_x(x_i,y_i)ph+f_y(x_i,y_i)qhk_1+O(h^2)]\\&=y_i+(c_1+c_2)hf(x_i,y_i)+c_2ph^2f_x(x_i,y_i)+c_2qh^2f_y(x_i,y_i)k_1+O(h^3).\end{aligned}$$

又因为

$$\begin{aligned}y(x_{i+1})&=y(x_i)+y'(x_i)h+\frac{y''(x_i)}{2}h^2+O(h^3)\\&=y_i+hf(x_i,y_i)+\frac{h^2}{2}[f_x(x_i,y_i)+f_y(x_i,y_i)k_1]+O(h^3),\end{aligned}$$

所以局部截断误差

$$\begin{aligned}T_{i+1}&=y(x_{i+1})-y_{i+1}\\&=(1-c_1-c_2)hf(x_i,y_i)+\left(\frac{1}{2}-c_2p\right)h^2f_x(x_i,y_i)\\&\quad+\left(\frac{1}{2}-c_2q\right)h^2f_y(x_i,y_i)f(x_i,y_i)+O(h^3).\end{aligned}$$

当参数 c_1,c_2,p,q 满足

$$\begin{cases}c_1+c_2=1,\\c_2p=\dfrac{1}{2},\\c_2q=\dfrac{1}{2},\end{cases}\tag{6.3.3}$$

公式(6.3.2)的局部截断误差为 $O(h^3)$，是二阶方法，称为**二阶 Runge-Kutta 公式**.

方程组(6.3.3)有无穷多组解，从而有无穷多二阶 Runge-Kutta 公式.

若取 $c_1=c_2=\frac{1}{2}$，$p=q=1$，便得经典的二阶 Runge - Kutta 公式

$$\begin{cases}y_{i+1}=y_i+\dfrac{h}{2}(k_1+k_2),\\k_1=f(x_i,y_i),\\k_2=f(x_i+h,y_i+hk_1),\end{cases}$$

这就是改进 Euler 公式.

若取 $c_1=\frac{1}{4}$，$c_2=\frac{3}{4}$，$p=q=\frac{2}{3}$，便得 Heun 公式

$$
\begin{cases}
y_{i+1} = y_i + \dfrac{h}{4}(k_1 + 3k_2), \\
k_1 = f(x_i, y_i), \\
k_2 = f(x_i + \dfrac{2}{3}h, y_i + \dfrac{2}{3}hk_1).
\end{cases} \tag{6.3.4}
$$

6.3.4 m 阶 Runge-Kutta 方法

仿照二阶 Runge-Kutta 方法可以构造出一般地 **m 阶 Runge-Kutta 方法**，其公式可写成

$$
\begin{cases}
y_{i+1} = y_i + h(c_1k_1 + c_2k_2 + \cdots + c_mk_m), \\
k_1 = f(x_i, y_i), \\
k_2 = f(x_i + a_2h, y_i + b_{21}hk_1), \\
\quad\vdots \\
k_m = f\left(x_i + a_mh, y_i + h\sum\limits_{j=1}^{m-1} b_{mj}k_i\right).
\end{cases} \tag{6.3.5}
$$

式(6.3.5)中的待定参数$\{a_i\}$，$\{c_i\}$和$\{b_{ij}\}$的出现为构造高精度的数值方法创造了条件. 设微分方程的初值问题(6.1.1)的解 $y(x)$和函数 $f(x,y)$充分光滑，在 $y_i=y(x_i)$的假设下，采用类似二阶 Runge-Kutta 方法可确定这些参数. 参数的确定需要求解非线性方程组，通常解不唯一，求解有一定的困难. 以下仅列举几个常用的三、四阶 Runge-Kutta 方法的计算公式.

一、三阶 Runge-Kutta 公式

(1) 三阶 Kutta 公式：

$$
\begin{cases}
y_{i+1}=y_i+\dfrac{h}{6}(k_1+4k_2+k_3), \\
k_1=f(x_i, y_i), \\
k_2=f\left(x_i+\dfrac{1}{2}h, y_i+\dfrac{1}{2}hk_1\right), \\
k_3=f(x_i+h, y_i-hk_1+2hk_2).
\end{cases} \tag{6.3.6}
$$

(2) 三阶 Heun 公式：

$$
\begin{cases}
y_{i+1}=y_i+\dfrac{h}{4}(k_1+3k_3), \\
k_1=f(x_i, y_i), \\
k_2=f\left(x_i+\dfrac{1}{3}h, y_i+\dfrac{1}{3}hk_1\right), \\
k_3=f\left(x_i+\dfrac{2}{3}h, y_i+\dfrac{2}{3}hk_2\right).
\end{cases} \tag{6.3.7}
$$

二、四阶 Runge-Kutta 公式

(1) 四阶古典 Runge-Kutta 公式：

$$\begin{cases} y_{i+1}=y_i+\frac{h}{6}(k_1+2k_2+2k_3+k_4), \\ k_1=f(x_i,y_i), \\ k_2=f\left(x_i+\frac{1}{2}h,y_i+\frac{1}{2}hk_1\right), \\ k_3=f\left(x_i+\frac{1}{2}h,y_i+\frac{1}{2}hk_2\right), \\ k_4=f(x_i+h,y_i+hk_3). \end{cases} \tag{6.3.8}$$

(2) 四阶 Kutta 公式：

$$\begin{cases} y_{i+1}=y_n+\frac{h}{8}(k_1+3k_2+3k_3+k_4), \\ k_1=f(x_i,y_i), \\ k_2=f\left(x_i+\frac{1}{3}h,y_i+\frac{1}{3}hk_1\right), \\ k_3=f\left(x_i+\frac{2}{3}h,y_i-\frac{1}{3}hk_1+hk_2\right), \\ k_4=f(x_i+h,y_i+hk_1-hk_2+hk_3). \end{cases} \tag{6.3.9}$$

例 6.3 取 $h=0.1$，分别利用二阶 Runge-Kutta 公式(6.3.4)、三阶 Runge-Kutta 公式(6.3.6)、四阶Runge-Kutta公式(6.3.8)求解微分方程的初值问题

$$\begin{cases} y'=\frac{xy-y^2}{x^2}, \quad 1\leqslant x\leqslant 1.5, \\ y(1)=2. \end{cases}$$

解 这里 $f(x,y)=\frac{xy-y^2}{x^2}$，$1\leqslant x\leqslant 1.5$，$h=0.1$，$x_i=1+ih$ $(i=0,1,2,\cdots,5)$，各种方法计算结果见下表$\left(\text{该微分方程的解为 } y=\frac{x}{0.5+\ln x}\right)$：

		二阶方法		三阶方法		四阶方法	
x_i	$y(x_i)$	y_i	$y(x_i)-y_i$	y_i	$y(x_i)-y_i$	y_i	$y(x_i)-y_i$
1.0	2.000 0	2.000 0	0	2.000 0	0	2.000 0	0
1.1	1.847 8	1.851 6	−0.003 8	1.847 8	0.000 0	1.847 8	0.000 0
1.2	1.758 7	1.763 3	−0.004 6	1.758 8	−0.000 1	1.758 7	0.000 0
1.3	1.705 2	1.709 9	−0.004 7	1.750 3	−0.000 1	1.705 2	0.000 0
1.4	1.673 7	1.678 2	−0.004 5	1.673 8	−0.000 1	1.673 7	0.000 0
1.5	1.656 6	1.660 9	−0.004 3	1.656 7	−0.000 1	1.656 6	0.000 0

从例 6.3 的计算结果看四阶 Runge-Kutta 方法的精度比三阶 Runge-Kutta 方法要高，三阶 Runge-Kutta 方法比二阶 Runge-Kutta 方法的精度高. 然而值得注意的是，这些

方法的推导都是基于 Taylor 公式,因此它们对微分方程的初值问题(6.1.1)的解的光滑性都有一定的要求,如果解的光滑性差,则采用四阶 Runge - Kutta 方法所得的数值解其精度可能反而不及二阶方法.因此在实际计算中,应根据问题的具体情况选择合适的算法.

§6.4 收敛性与稳定性

微分方程的初值问题(6.1.1)的数值解法的基本思想是:通过某种离散化手续,将微分方程转化为代数方程来求解,通过计算值 y_n 来近似代替 $y(x_n)$.这种近似是否合理?另外,在计算过程中还会有误差,例如舍入误差等.这些误差在计算过程中能否被控制,使计算结果可信?这些问题就是微分方程数值解法的收敛性与稳定性问题.

收敛性与稳定性刻画了数值方法是否可靠,用数值方法求解微分方程的初值问题(6.1.1)时,只有保证数值方法既收敛又稳定,才能得到比较可靠的计算结果.下面给出收敛性与稳定性的定义,并讨论单步法的收敛性与稳定性.

6.4.1 收敛性

定义 6.4.1 一般来说,显式单步法都可以写成如下形式

$$y_n=y_{n-1}+h\varphi(x_{n-1},y_{n-1},h). \tag{6.4.1}$$

设 $y(x_n)$ 是微分方程的初值问题(6.1.1)的解在 x_n 处的准确值,对于任一固定的 $x_n=x_0+nh$ 均有

$$\lim_{\substack{h\to 0\\(n\to\infty)}} y_n = y(x_n),$$

则称单步法(6.4.1)是**收敛**的.

下面主要讨论 Euler 方法的收敛性.

Euler 公式 $y_n=y_{n-1}+hf(x_{n-1},y_{n-1})$,下面来估计 y_n 的总体截断误差 $e_n=y(x_n)-y_n$.

定理 6.4.1 设 $f(x,y)$ 关于 y 满足 Lipschitz 条件(6.1.2),则

$$|e_n|\leqslant\frac{C}{L}(e^{(b-a)L}-1)h, \tag{6.4.2}$$

其中,$C=\frac{1}{2}\max\limits_{a\leqslant x\leqslant b}|y''(x)|$,$L$ 为 Lipschitz 常数.

证明 记 $y_n^*=y(x_{n-1})+hf(x_{n-1},y(x_{n-1}))$,由局部截断误差估计得

$$|y(x_n)-y_n^*|=\left|\frac{h^2}{2}y''(\xi)\right|\leqslant Ch^2,$$

从而

$$\begin{aligned}|y_n^*-y_n|&=|y(x_{n-1})+hf(x_{n-1},y(x_{n-1}))-[y_{n-1}+hf(x_{n-1},y_{n-1})]|\\&=|y(x_{n-1})-y_{n-1}+h[f(x_{n-1},y(x_{n-1}))-f(x_{n-1},y_{n-1})]|\end{aligned}$$

$$\leqslant |e_{n-1}| + hL|e_{n-1}| = (1+hL)|e_{n-1}|,$$

因此

$$|e_n| = |y(x_n) - y_n^* + y_n^* - y_n| \leqslant |y(x_n) - y_n^*| + |y_n^* - y_n|$$
$$\leqslant Ch^2 + (1+hL)|e_{n-1}|.$$

注意到 $e_0 = y(x_0) - y_0 = 0$，反复利用上述不等式

$$\begin{aligned}
|e_n| &\leqslant (1+hL)\{(1+hL)|e_{n-2}| + Ch^2\} + Ch^2 \\
&= (1+hL)^2|e_{n-2}| + (1+hL)Ch^2 + Ch^2 \\
&\leqslant (1+hL)^2\{(1+hL)|e_{n-3}| + Ch^2\} + (1+hL)Ch^2 + Ch^2 \\
&= (1+hL)^3|e_{n-3}| + (1+hL)^2Ch^2 + (1+hL)Ch^2 + Ch^2 \\
&\leqslant \cdots \\
&= (1+hL)^n|e_0| + (1+hL)^{n-1}Ch^2 + (1+hL)^{n-2}Ch^2 + \cdots + (1+hL)Ch^2 + Ch^2 \\
&= \{(1+hL)^{n-1} + (1+hL)^{n-2} + \cdots + (1+hL) + 1\}Ch^2 \\
&= \frac{1-(1+hL)^n}{1-(1+hL)}Ch^2 \\
&= \frac{C}{L}[(1+hL)^n - 1]h.
\end{aligned}$$

由不等式 $1+x \leqslant e^x$ 可推出 $1+hL \leqslant e^{hL}$，从而

$$(1+hL)^n \leqslant e^{nhL} \leqslant e^{(b-a)L},$$

$$|e_n| \leqslant \frac{C}{L}(e^{(b-a)L} - 1)h.$$

由定理 6.4.1 和 $\lim\limits_{\substack{h\to 0\\(n\to\infty)}} e_n = 0$，即 $\lim\limits_{\substack{h\to 0\\(n\to\infty)}} y_n = y(x_n)$，因此 Euler 方法是收敛的.

可以证明改进 Euler 方法、Runge-Kutta 方法也是收敛的，具体可以参看文献[6,15].

6.4.2　稳定性

在计算机上用单步法计算微分方程初值问题(6.1.1)的数值解时，截断误差并非误差的唯一来源，几乎每一步都有舍入误差. 稳定性问题是考虑计算过程中舍入误差的传播的问题.

定义 6.4.2　若一种数值方法在节点 x_k 处的数值解 y_k 有扰动 δ，以后各节点的数值解 $y_m (m>k)$ 的偏差 δ_m 均满足 $|\delta_m| \leqslant |\delta|$，则称该数值方法是**稳定**的.

由于稳定问题较复杂，故这里仅对模型方程

$$y' = \lambda y,\quad \lambda < 0 \tag{6.4.3}$$

讨论微分方程数值解法的稳定性.

由 Euler 公式(6.2.1)得

$$y_{k+1} = y_k + h\lambda y_k = (1+h\lambda)y_k,$$

设没有舍入误差,则

$$y_m=(1+h\lambda)y_{m-1}=(1+h\lambda)^{m-k}y_k.$$

设第 k 步有舍入误差,在第 k 步求得的是 $y_k^*\neq y_k$,这个舍入误差还会影响到后面的计算结果

$$\begin{cases}y_{k+1}^*=(1+h\lambda)y_k^*,\\ y_{k+2}^*=(1+h\lambda)y_{k+1}^*=(1+h\lambda)^2y_k^*,\\ \qquad\vdots\\ y_m^*=(1+h\lambda)y_{m-1}^*=(1+h\lambda)^{m-k}y_k^*,\end{cases}$$

故节点 x_m 处的偏差为

$$y_m-y_m^*=(1+h\lambda)^{m-k}(y_k-y_k^*),$$

即
$$\delta_m=(1+h\lambda)^{m-k}\delta.$$

当 $|1+h\lambda|\leqslant 1$ 时,有 $|\delta_m|\leqslant|\delta|$. 即当 h 和 λ 满足条件 $|1+h\lambda|\leqslant 1$ 时,Euler 公式(6.2.1)是稳定的.

由隐式 Euler 公式(6.2.2)得

$$y_{k+1}=y_k+h\lambda y_{k+1},\tag{6.4.4}$$

整理可得
$$y_{k+1}=\frac{1}{1-h\lambda}y_k.$$

类似于 Euler 公式(6.2.1)的稳定性分析,要使 $|\delta_m|\leqslant|\delta|$,只需要 $\frac{1}{1-h\lambda}\leqslant 1$ 即可,也即隐式 Euler 公式(6.2.2)数值稳定的条件为 $\frac{1}{1-h\lambda}\leqslant 1$. 而 $\lambda<0$,因此对任意的 $h>0$,$\frac{1}{1-h\lambda}\leqslant 1$ 都成立,故隐式 Euler 公式(6.2.2)对模型问题(6.4.3)是恒稳定的(无条件稳定的).

通过类似的分析,可以得到 m 阶 Runge-Kutta 方法的稳定性条件为

$$\left|1+h\lambda+\frac{1}{2}(h\lambda)^2+\cdots+\frac{1}{m!}(h\lambda)^m\right|\leqslant 1.\tag{6.4.5}$$

例 6.4 取 $h=0.1$,分别利用 Euler 公式(6.2.1)和隐式 Euler 公式(6.2.2)解初值问题

$$\begin{cases}y'=-30y,\\ y(0)=1,\end{cases}\quad 0\leqslant x\leqslant 0.6.$$

解 由 Euler 公式得 $y_{k+1}=(1-30h)y_k,y_0=1\quad(E)$;

由隐式 Euler 公式得 $y_{k+1}=\dfrac{y_k}{1+30h},y_0=1\quad(IE)$.

(该微分方程的解为 $y=\mathrm{e}^{-30x}$)

计算结果见下表:

x_n	$y(x_n)$	$y_n(E)$	$y(x_n)-y_n$	$y_n(IE)$	$y(x_n)-y_n$
0	1.000 000 0	1.0	0	1.000 000 0	0
0.1	0.049 787 1	−2.0	2.049 787 1	0.250 000 0	−0.200 212 9
0.2	0.002 478 8	4.0	−3.997 521 2	0.062 500 0	−0.060 021 2
0.3	0.000 123 4	−8.0	8.000 123 4	0.015 625 0	−0.015 501 6
0.4	0.000 006 4	16.0	−15.999 994	0.003 906 3	−0.003 899 9
0.5	0.000 000 3	−32.0	32.000 000 3	0.000 976 6	−0.000 976 3
0.6	0.000 000 0	64.0	−64.0	0.000 244 1	−0.000 244 1

从表中可以看出，用 Euler 方法所得的结果与精确解相差比较大，而用隐式 Euler 方法所得的结果比较好. 这是因为 Euler 方法在 $h=0.1$ 时不满足稳定性条件(6.4.8)，而隐式 Euler 方法是绝对能稳定的.

§6.5　线性多步法

Runge-Kutta 方法的每一步都需要计算几个点上的导数值(或斜率值)，计算量比较大. 考虑到计算 y_{n+1} 之前已经求出一系列的近似值 $y_0, y_1, \cdots, y_n$，如果充分利用前面多步的信息来计算 y_{n+1}，不但可以减少计算量，还可以期望获得较高的精度，这种方法称为**多步法**. 多步法中最常用的是**线性多步法**. **线性 k 步法**是利用 k 个已求出的近似值 $y_n, y_{n-1}, \cdots, y_{n-k+1}$ 和其一阶导数 $y_n', y_{n-1}', \cdots, y_{n-k+1}'$ 的线性组合来求出下一个节点 x_{n+1} 处的近似值 y_{n+1}，其一般形式为

$$y_{n+1} = \sum_{i=0}^{k-1} A_i y_{n-i} + h\sum_{i=-1}^{k-1} B_i y'_{n-i} \quad (n = k, k+1, \cdots).$$

其中，A_i, B_i 为待定常数，且 $A_{k-1}^2 + B_{k-1}^2 \neq 0$. 当 $B_{-1}=0$ 时，右端都是已知的，称为**显示线性 k 步法**. 当 $B_{-1}\neq 0$ 时，右端有未知的 $y_{n+1}' = f(x_{n+1}, y_{n+1})$，称为**隐式线性 k 步法**.

构造线性 k 步法公式有多种途径，本节主要介绍数值积分法和 Taylor 公式法.

6.5.1　Adams 方法

线性 k 步法取为如下形式

$$y_{n+1} = y_n + h\sum_{i=-1}^{k-1} B_i y'_{n-i}$$

时称为 **Adams 方法**. 当 $B_{-1}=0$ 时为显式 Adams 方法，当 $B_{-1}\neq 0$ 时为隐式 Adams 方法.

一、显式 Adams 方法

对微分方程 $y'=f(x,y)$ 在区间 $[x_n, x_{n+1}]$ 上进行积分得

$$y(x_{n+1}) = y(x_n) + \int_{x_n}^{x_{n+1}} f(x, y(x))\mathrm{d}x. \tag{6.5.1}$$

给定步长 h，假如已经计算出 $y(x)$ 在等距点 $x_m = x_0 + mh (m=0,1,2,\cdots,n)$，$h=\dfrac{b-a}{n}$ 处的

近似值 y_m，则可求出 $f(x_m, y(x_m))$ 的近似值 $f_m = f(x_m, y_m)$. 用 $k+1$ 个点

$$(x_n, f_n), (x_{n-1}, f_{n-1}), \cdots, (x_{n-k}, f_{n-k})$$

作 $f(x, y(x))$ 的 k 次插值多项式 $P_k(x) \approx f(x, y(x))$ $(k \leqslant n)$，可得 $y(x_{n+1})$ 的近似计算公式

$$y_{n+1} = y_n + \int_{x_n}^{x_{n+1}} P_k(x) \mathrm{d}x.$$

取 $P_k(x)$ 为等距节点的 Newton 后插多项式，经计算可得(详见文献[5])

$$y_{n+1} = y_n + h \sum_{j=0}^{k} B_{kj} f_{n-j}, \tag{6.5.2}$$

其中，

$$B_{kj} = (-1)^j \sum_{m=j}^{k} \binom{m}{j} (-1)^m \int_0^1 \binom{-s}{m} \mathrm{d}s \quad (j = 0, 1, \cdots, k),$$
$$s = (x - x_n)/h,$$

它只依赖于两个参数 k, j，经计算可得到 B_{kj} 的值(见下表)：

j	0	1	2	3	4	5
B_{0j}	1					
$2B_{1j}$	3	-1				
$12B_{2j}$	23	-16	5			
$24B_{3j}$	55	-59	37	-9		
$720B_{4j}$	1 901	$-2\ 774$	2 616	$-1\ 274$	251	
$1\ 440B_{5j}$	4 277	$-7\ 923$	9 982	$-7\ 298$	2 877	-475

公式(6.5.2)称为**显式 Adams 公式**，它是线性 $k+1$ 步公式.

当 $k=1$ 时，得到二步显式 Adams 公式

$$y_{n+1} = y_n + \frac{h}{2}(3f_n - f_{n-1}). \tag{6.5.3}$$

当 $k=2$ 时，得到三步显式 Adams 公式

$$y_{n+1} = y_n + \frac{h}{12}(23f_n - 16f_{n-1} + 5f_{n-2}). \tag{6.5.4}$$

例 6.5 用二步 Adams 方法解初值问题

$$\begin{cases} y' = 1 - y \quad (0 \leqslant x \leqslant 1), \\ y(0) = 0. \end{cases}$$

解 取 $h=0.2$，$y_0=0$，用改进 Euler 公式计算得 $y_1=0.18$. 由于 $f(x, y) = 1-y$，根据二步显式 Admas 公式可得

$$\begin{aligned} y_{n+1} &= y_n + \frac{h}{2}(3f_n - f_{n-1}) \\ &= y_n + 0.1(3 - 3y_n - 1 + y_{n-1}) \end{aligned}$$

$$= y_n + 0.1(2 - 3y_n + y_{n-1}).$$

(该微分方程的准确解为 $y(x)=1-e^{-x}$)

计算结果见下表：

x_n	y_n	$y(x_n)$	$y(x_n)-y_n$
0	0	0	0
0.2	0.180 000	0.181 269	0.001 269
0.4	0.326 000	0.329 680	0.003 680
0.6	0.446 200	0.451 188	0.004 988
0.8	0.544 940	0.550 671	0.005 731
1.0	0.626 078	0.632 111	0.006 033

二、隐式 Adams 方法

给定步长 h，假如已经计算出 $y(x)$ 在等距点 $x_m=x_0+mh(m=0,1,2,\cdots,n)$，$h=\dfrac{b-a}{n}$ 处的近似值 y_m，则可求出 $f[x_m,y(x_m)]$ 的近似值 $f_m=f(x_m,y_m)$. 用 $k+1$ 个点

$$(x_{n+1},f_{n+1}),(x_n,f_n),\cdots,(x_{n-k+1},f_{n-k+1})$$

作 $f[x,y(x)]$ 的 k 次插值多项式 $P_k(x)\approx f[x,y(x)](k\leqslant n)$，可得 $y(x_{n+1})$ 的近似计算公式

$$y_{n+1}=y_n+\int_{x_n}^{x_{n+1}}P_k(x)\mathrm{d}x.$$

取 $P_k(x)$ 为等距节点的 Newton 后插多项式，经计算可得(详见文献[5])

$$y_{n+1}=y_n+h\sum_{j=0}^{k}B_{kj}^{*}f_{n-j+1}, \tag{6.5.5}$$

其中，

$$B_{kj}^{*}=(-1)^j\sum_{m=j}^{k}\binom{m}{j}(-1)^m\int_{-1}^{0}\binom{-s}{m}\mathrm{d}s\quad(j=0,1,\cdots,k),$$
$$s=(x-x_{n+1})/h,$$

它只依赖于两个参数 k,j，经计算可得到 B_{kj}^{*} 的值(见下表)：

j	0	1	2	3	4	5
B_{0j}^{*}	1					
$2B_{1j}^{*}$	1	1				
$12B_{2j}^{*}$	5	8	−1			
$24B_{3j}^{*}$	9	19	−5	1		
$720B_{4j}^{*}$	251	646	−264	106	−19	
$1\,440B_{5j}^{*}$	475	1 427	−798	482	−173	27

公式(6.5.5)称为**隐式 Adams 公式**,它是线性 k 步公式.

当 $k=1$ 时,得到一步隐式 Adams 公式(梯形公式)

$$y_{n+1}=y_n+\frac{h}{2}(f_n+f_{n+1}).$$

当 $k=2$ 时,得到二步隐式 Adams 公式

$$y_{n+1}=y_n+\frac{h}{12}(5f_{n+1}+8f_n-f_{n-1}). \tag{6.5.6}$$

以上是采用数值积分的方法得到 Adams 公式.另外,利用 Taylor 公式也可以得到相应的公式.采用 Taylor 公式构造 Adams 公式的基本思路是先将线性多步法的表达式在 $x=x_n$ 处按 Taylor 公式展开,并与真实值 $y(x_{n+1})$ 在 x_n 处的 Taylor 展开形式相比较,使其局部截断误差为 $O(h^{k+1})$,以此确定格式中的系数,便得到 k 阶 Adams 公式.下面用两个例题来说明 Taylor 公式法.

例 6.6 利用 Taylor 公式构造线性二步二阶公式

$$y_{n+1}=y_n+h(\alpha f_n+\beta f_{n-1}).$$

解 假设 $y_n=y(x_n)$,$f_n=f(x_n,y_n)=y'(x_n)$,注意到 $f_{n-1}=y'(x_{n-1})$,将 $y'(x_{n-1})$在点 x_n 处按 Taylor 公式展开

$$f_{n-1}=y'(x_{n-1})=y'(x_n)-y''(x_n)h+O(h^2).$$

故

$$\begin{aligned}y_{n+1}&=y(x_n)+h[\alpha y'(x_n)+\beta y'(x_{n-1})]\\&=y(x_n)+(\alpha+\beta)y'(x_n)h-\beta y''(x_n)h^2+O(h^3).\end{aligned}$$

又因为

$$y(x_{n+1})=y(x_n)+y'(x_n)h+\frac{y''(x_n)}{2}h^2+O(h^3),$$

所以局部截断误差

$$T_{n+1}=y(x_{n+1})-y_{n+1}=(1-\alpha-\beta)y'(x_n)h+\left(\frac{1}{2}+\beta\right)y''(x_n)h^2+O(h^3).$$

依题意

$$\begin{cases}1-\alpha-\beta=0,\\ \dfrac{1}{2}+\beta=0,\end{cases}$$

解之得 $\beta=-\dfrac{1}{2}$,$\alpha=\dfrac{3}{2}$.

所求线性二步二阶公式为

$$y_{n+1} = y_n + \frac{h}{2}(3f_n - f_{n-1}).$$

这就是显式二阶 Adams 公式.

例 6.7 利用 Taylor 公式构造线性二步三阶公式

$$y_{n+1} = y_n + h(\alpha_0 f_{n+1} + \alpha_1 f_n + \alpha_2 f_{n-1}).$$

解 仍假设 $y_n = y(x_n)$，$f_n = f(x_n, y_n) = y'(x_n)$，注意到

$$f_{n+1} = y'(x_{n+1}),$$
$$f_{n-1} = y'(x_{n-1}),$$

将 $y'(x_{n+1})$，$y'(x_{n-1})$ 分别在点 x_n 处按 Taylor 公式展开

$$f_{n+1} = y'(x_{n+1}) = y'(x_n) + hy''(x_n) + \frac{h^2}{2}y'''(x_n) + O(h^3),$$

$$f_{n-1} = y'(x_{n-1}) = y'(x_n) - hy''(x_n) + \frac{h^2}{2}y'''(x_n) + O(h^3),$$

代入线性二步公式得

$$y_{n+1} = y(x_n) + (\alpha_0 + \alpha_1 + \alpha_2)y'(x_n)h + (\alpha_0 - \alpha_2)y''(x_n)h^2 + \frac{1}{2}(\alpha_0 + \alpha_2)y'''(x_n)h^3 + O(h^4).$$

又因为

$$y(x_{n+1}) = y(x_n) + y'(x_n)h + \frac{y''(x_n)}{2}h^2 + \frac{y'''(x_n)}{3!}h^3 + O(h^4),$$

所以局部截断误差

$$\begin{aligned} T_{n+1} &= y(x_{n+1}) - y_{n+1} \\ &= (1 - \alpha_0 - \alpha_1 - \alpha_2)y'(x_n)h + \left(\frac{1}{2} - \alpha_0 + \alpha_2\right)y''(x_n)h^2 \\ &\quad + \left(\frac{1}{6} - \frac{\alpha_0}{2} - \frac{\alpha_2}{2}\right)y'''(x_n)h^3 + O(h^4). \end{aligned}$$

依题意

$$\begin{cases} 1 - \alpha_0 - \alpha_1 - \alpha_2 = 0, \\ \dfrac{1}{2} - \alpha_0 + \alpha_2 = 0, \\ \dfrac{1}{6} - \dfrac{\alpha_0}{2} - \dfrac{\alpha_2}{2} = 0, \end{cases}$$

解之得 $\alpha_0 = \frac{5}{12}$，$\alpha_1 = \frac{2}{3}$，$\alpha_2 = -\frac{1}{12}$.

所求线性二步三阶公式为

$$y_{n+1}=y_n+\frac{h}{12}(5f_{n+1}+8f_n-f_{n-1}).$$

这就是三阶隐式 Adams 公式.

6.5.3 预测-校正法

隐式 Adams 方法是内插值法，它比显式 Adams 方法更准确，同时稳定性又好，但是隐式方法计算量大. 因此，人们将显式 Adams 公式和隐式 Adams 公式结合起来使用，形成**预测-校正法**. 例如，改进 Euler 方法

$$\begin{cases}y_{n+1}^{(0)}=y_n+hf(x_n,y_n),\\ y_{n+1}=y_n+\dfrac{h}{2}[f(x_n,y_n)+f(x_{n+1},y_{n+1}^{(0)})],\end{cases}$$

就是用一步显式 Adams 公式(Euler 公式)作预测，用一步隐式 Adams 公式(梯形公式)作校正的方法.

将四步显式 Adams 公式和三步隐式 Adams 公式结合起来，可形成四阶 Adams 预测-校正法

$$\begin{cases}y_{n+1}^{(0)}=y_n+\dfrac{h}{24}(55f_n-59f_{n-1}+37f_{n-2}-9f_{n-3}),\\ y_{n+1}=y_n+\dfrac{h}{24}(9f_{n+1}+19f_n-5f_{n-1}+f_{n-2}),\end{cases}\tag{6.5.7}$$

其中，$f_{n+1}=f(x_{n+1},y_{n+1}^{(0)})$.

该四阶预测-校正法是四步法，它在计算 y_{n+1} 时，不但要用到前一步的信息 y_n,f_n，而且要用到更前面三步的信息 f_{n-1},f_{n-2},f_{n-3}，故实际计算时，必须借助于某种单步法，如四阶 Runge-Kutta 法计算初值 y_1,y_2,y_3.

例 6.8 取 $h=0.1$，用四阶 Adams 预测-校正法解初值问题

$$\begin{cases}y'=1-y, \quad 0\leqslant x\leqslant 1,\\ y(0)=0.\end{cases}$$

解 $y_0=0$，用四阶 Runge-Kutta 方法计算得 $y_1=0.095\,1$，$y_2=0181\,1$，$y_3=0.259\,0$. 由于 $f(x,y)=1-y$，故根据四阶 Adams 预测-校正法可得

$$y_{n+1}^{(0)}=y_n+\frac{h}{24}[55(1-y_n)-59(1-y_{n-1})+37(1-y_{n-2})-9(1-y_{n-3})],$$

$$y_{n+1}=y_n+\frac{h}{24}[9(1-y_{n+1}^{(0)})+19(1-y_n)-5(1-y_{n-1})+(1-y_{n-2})].$$

(准确解为 $y(x)=1-e^{-x}$)

计算结果见下表:

x_n	y_n	$y(x_n)$	$y(x_n)-y_n$
0.1	0.095 1	0.095 2	0.000 1
0.2	0.181 1	0.181 3	0.000 1
0.3	0.259 0	0.259 2	0.000 2
0.4	0.329 5	0.329 7	0.000 2
0.5	0.393 3	0.393 5	0.000 2
0.6	0.451 0	0.451 2	0.000 1
0.7	0.503 3	0.503 4	0.000 1
0.8	0.550 6	0.550 7	0.000 1
0.9	0.593 3	0.593 4	0.000 1
1.0	0.632 0	0.632 1	0.000 1

§6.6 微分方程组和高阶微分方程的数值解法

6.6.1 微分方程组的数值解法

一阶常微分方程组初值问题

$$\begin{cases} y'_i = f_i(x, y_1, y_2, \cdots, y_n), & a \leqslant x \leqslant b, \\ y_i(a) = y_{i_0}, \end{cases} \qquad (i = 1, 2, \cdots, n)$$

若把其中的未知函数、方程右端都表示成向量的形式

$$\boldsymbol{Y} = (y_1, y_2, \cdots, y_n)^{\mathrm{T}}, \boldsymbol{F} = (f_1, f_2, \cdots, f_n)^{\mathrm{T}},$$

并将初值条件也表示成向量形式

$$\boldsymbol{Y}(a) = \boldsymbol{Y}_0 = (y_{10}, y_{20}, \cdots, y_{n0})^{\mathrm{T}}.$$

则方程组可以表示成

$$\begin{cases} \boldsymbol{Y}' = \boldsymbol{F}(x, \boldsymbol{Y}), & a \leqslant x \leqslant b, \\ \boldsymbol{Y}(a) = \boldsymbol{Y}_0. \end{cases}$$

写成这种形式以后，就可以采用前面的方法求解其数值解.

例 6.9 用 Euler 方法解初值问题(取 $h=0.5$)

$$\begin{cases} y'(x) = 3y(x) + 2z(x), \\ z'(x) = 4y(x) + z(x), & 0 \leqslant x \leqslant 1, \\ y(0) = 0, z(0) = 1. \end{cases}$$

解 根据题意，需要求微分方程组的解 $y(x)$, $z(x)$ 在节点 $x_1=0.5$, $x_2=1$ 上的近似值 y_1, z_1 和 y_2, z_2. 对此问题，Euler 公式的具体形式为

$$\begin{cases} y_{n+1} = y_n + h[3y_n + 2z_n], \\ z_{n+1} = z_n + h[4y_n + z_n]. \end{cases}$$

取 $y_0=0, z_0=1$,用上式逐步计算得

$$\begin{aligned} y_1 &= y_0 + h[3y_0 + 2z_0] = 1, \\ z_1 &= z_0 + h[4y_0 + z_0] = 1.5, \\ y_2 &= y_1 + h[3y_1 + 2z_1] = 4, \\ z_2 &= z_1 + h[4y_1 + z_1] = 4.25. \end{aligned}$$

6.6.2 高阶微分方程的数值方法

对于高阶常微分方程初值问题

$$\begin{cases} y^{(n)} = f(x, y, y', y'', \cdots, y^{(n-1)}), \qquad a \leqslant x \leqslant b, \\ y(a) = y_0, y'(a) = y'_0, \cdots, y^{(n-1)}(a) = y_0^{(n-1)}, \end{cases}$$

可以考虑引进新的未知函数

$$y_1 = y, y_2 = y', \cdots, y_n = y^{(n-1)},$$

从而把上述初值问题变成一个常微分方程组初值问题

$$\begin{cases} y'_1 = y_2, \\ y'_2 = y_3, \\ \vdots \\ y'_{n-1} = y_n, \\ y'_n = f(x, y_1, y_2, \cdots, y_n), \\ y_1(a) = y_0, y_2(a) = y'_0, \cdots, y_n(a) = y_0^{(n-1)}. \end{cases}$$

例如,对下列二阶方程初值问题

$$\begin{cases} y'' = f(x, y, y'), \\ y(x_0) = y_0, y'(x_0) = y'_0, \end{cases}$$

可以引入新的变量 $z=y'$,便将原问题化为一阶方程组初值问题

$$\begin{cases} y' = z, \\ z' = f(x, y, z), \\ y(x_0) = y_0, z(x_0) = y'_0. \end{cases}$$

针对这个问题,可以采用 Euler 方法或 Runge-Kutta 方法进行计算.

例 6.10 取步长 $h=0.5$,求微分方程

$$\begin{cases} y'' - 2y' + 2y = e^2 \sin x, \\ y(0) = -0.4, \\ y'(0) = -0.6 \end{cases}$$

的解($0\leqslant x\leqslant 1$).

解　作变换 $z=y'$,则上述问题转化为一阶方程组

$$\begin{cases} y' = z, \\ z' = e^2\sin x - 2y + 2z, \\ y(0) = -0.4, \\ z(0) = -0.6. \end{cases}$$

取 $y_0=-0.4, z_0=-0.6$,用 Euler 方法求解得

$$\begin{cases} y_1 = y_0 + hz_0 = -0.7, \\ z_1 = z_0 + h(e^2\sin x_0 - 2y_0 + 2z_0) = -0.8, \\ y_2 = y_1 + hz_1 = -1.1, \\ z_2 = z_1 + h(e^2\sin(0.5) - 2y_1 + 2z_1) = 0.871\ 25. \end{cases}$$

同理还可以采用其他方法来求解,例如用四阶 Runge-Kutta 方法求解.

习题 6

1. 给定初值问题

$$\begin{cases} y' = \dfrac{2y}{x} + x^2 e^x, \quad 1\leqslant x\leqslant 2, \\ y(1) = 0, \end{cases}$$

其精确解为 $y(x)=x^2(e^x-e)$.

(1) 分别利用 Euler 方法($h=0.1$)和改进 Euler 方法($h=0.2$)求其数值解,并同精确解比较;

(2) 应用(1)的答案和线性插值法求 y 的下列近似值,并同精确解比较:

$$y(1.03), y(1.56), y(1.97).$$

2. 对一阶微分方程的初值问题

$$\begin{cases} y' = -y, \quad 0\leqslant x\leqslant 1, \\ y(0) = 1, \end{cases}$$

试证:用梯形公式 $y_{n+1}=y_h+\dfrac{h}{2}[f(x_n,y_n)+f(x_{n+1},y_{n+1})]$求得的数值解为

$$y_n = \left(\frac{2-h}{2+h}\right)^n,$$

并证明:当步长 $h\to 0$ 时,y_n 收敛于该初值问题的精确解 $y=e^{-x}$.

3. 用四阶经典 Runge-Kutta 方法解初值问题

$$\begin{cases} y' = \dfrac{3y}{1+x}, & 0 \leqslant x \leqslant 1, \\ y(0) = 1, \end{cases}$$

取 $h=0.2$.

4. 用改进 Euler 方法计算积分 $\int_0^x e^{-t^2}dt$ 在 $x=0.5, 0.75, 1$ 时的近似值(至少保留四位小数).

5. 讨论求解初值问题

$$\begin{cases} y' = -\lambda y, \\ y(0) = a \end{cases}$$

的二阶中点公式 $y_{n+1}=y_n+hf[x_n+\frac{h}{2}, y_n+\frac{h}{2}f(x_n, y_n)]$的稳定性($\lambda>0$ 为实数).

6. 求下列多步法的局部截断误差,并指出该多步法是几阶方法:

(1) $y_{i+1}=y_i+\frac{h}{2}(3f_i-f_{i-1})$;

(2) $y_{i+1}=y_{i-1}+\frac{h}{3}(3f_{i+1}+4f_i+f_{i-1})$.

7. 证明:线性二步法

$$y_{n+1} = (1-b)y_n + by_{n-1} + \frac{h}{4}[(b+3)f_{n+1} + (3b+1)f_{n-1}],$$

当 $b\neq-1$ 时是二阶方法;当 $b=-1$ 时是三阶方法.

8. 取 $h=0.1$,用三步显式 Adams 公式(6.5.4)求解初值问题

$$\begin{cases} y' = 3x-2y, & 0 \leqslant x \leqslant 0.5, \\ y(0) = 1. \end{cases}$$

9. 取 $h=0.1$,用四阶 Adams 预测-校正法解初值问题

$$\begin{cases} y' = y - \dfrac{2x}{y}, & 0 \leqslant x \leqslant 1, \\ y(0) = 1. \end{cases}$$

10. 考虑二阶初值问题

$$x''(t) + 4x'(t) + 5x(t) = 0, x(0) = 3, x'(0) = -5.$$

(1) 写出等价的 2 个一阶问题组成的方程组;

(2) 用二阶 Runge-Kutta 方法($h=0.1$)计算其数值解,并与其精确解

$$x(t)=3e^{-2t}\cos(t)+e^{-2t}\sin(t)$$

比较.

第 7 章 矩阵特征值和特征向量的计算

物理、力学和工程技术中的很多问题在数学上都归结为求 n 阶方阵的特征值与特征向量问题，例如机械的振动、弹簧振动、电磁振荡等，因此矩阵特征值与特征向量的计算变得十分重要，它也是线性代数的中心问题之一.

关于 n 阶方阵特征值和特征向量的计算，当 $n=2,3$ 时，可以通过求特征多项式的零点即特征方程的根来得到的. 而数学上已经证明 5 次以上的代数方程一般没有求根公式，因此需要研究求 n 阶方阵的特征值和特征向量的数值方法，这些方法本质上都是迭代方法. 目前，已有不少非常成熟的数值方法用于计算矩阵的特征值和特征向量，而全面系统地介绍这些重要的数值方法远远超出这门课程的范围，这里仅介绍几种基本方法.

§7.1 特征值与特征向量

7.1.1 特征值的有关概念与性质

先复习特征值与特征向量的概念与有关性质.

定义 7.1.1 设 $\boldsymbol{A}$ 为 n 阶方阵，λ 是一个数，若存在 n 维非零列向量 $\boldsymbol{x}$，使得 $\boldsymbol{Ax}=\lambda\boldsymbol{x}$，则称 λ 是 $\boldsymbol{A}$ 的**特征值**，$\boldsymbol{x}$ 是 $\boldsymbol{A}$ 属于特征值 λ 的**特征向量**.

设 $\boldsymbol{E}$ 为 n 阶单位阵，多项式 $P(\lambda)=\det(\boldsymbol{A}-\lambda\boldsymbol{E})$ 称为 $\boldsymbol{A}$ 的**特征多项式**，$P(\lambda)$ 的零点即为 $\boldsymbol{A}$ 的特征值；方程组 $(\boldsymbol{A}-\lambda\boldsymbol{E})\boldsymbol{x}=\boldsymbol{0}$ 的非零解 $\boldsymbol{x}$ 即为矩阵 $\boldsymbol{A}$ 属于特征值 λ 的特征向量.

定义 7.1.2 设 $\boldsymbol{A}$ 与 $\boldsymbol{B}$ 都是 n 阶方阵，如果存在 n 阶可逆方阵 $\boldsymbol{P}$，使得 $\boldsymbol{A}=\boldsymbol{P}^{-1}\boldsymbol{BP}$，则称矩阵 $\boldsymbol{A}$ 与 $\boldsymbol{B}$ **相似**.

定理 7.1.1 相似矩阵具有相同的特征多项式，从而有相同的特征值.

如果 n 阶方阵 $\boldsymbol{A}$ 与一个对角阵 $\boldsymbol{D}=\mathrm{diag}(\lambda_1,\lambda_2,\cdots,\lambda_n)$ 相似，即存在 n 阶可逆方阵 $\boldsymbol{P}=(\boldsymbol{p}_1,\boldsymbol{p}_2,\cdots,\boldsymbol{p}_n)$，使得 $\boldsymbol{P}^{-1}\boldsymbol{AP}=\boldsymbol{D}$，则 $\boldsymbol{D}$ 的主对角线元素 $\lambda_1,\lambda_2,\cdots,\lambda_n$ 是 $\boldsymbol{A}$ 的 n 个特征值，$\boldsymbol{P}$ 的 n 个列向量 $\boldsymbol{p}_1,\boldsymbol{p}_2,\cdots,\boldsymbol{p}_n$ 依次是 $\boldsymbol{A}$ 的属于特征值 $\lambda_1,\lambda_2,\cdots,\lambda_n$ 的 n 个线性无关的特征向量.

7.1.2 特征值定位

以下定理给出了确定矩阵特征值位置的简单计算方法.

定理 7.1.2 (Gerschgorin 圆盘定理)设 $\boldsymbol{A}=(a_{ij})_{n\times n}$，$G_i$ 表示平面上以 a_{ii} 为中心、以 $\sum\limits_{\substack{j=1\\j\neq i}}^{n}|a_{ij}|$ 为半径的圆，即 $G_i=\{z\,|\,|z-a_{ii}|\leqslant\sum\limits_{\substack{j=1\\j\neq i}}^{n}|a_{ij}|,z\in\mathbf{C}\}(i=1,2,\cdots,n)$，其中，$\mathbf{C}$ 表示复数域，则

(1) $\boldsymbol{A}$ 的所有特征值都包含在 n 个圆盘的并集 $G=\bigcup\limits_{i=1}^{n}G_i$ 中；

(2) 若有 m 个圆盘形成一个连通域且这个区域与其他 $n-m$ 个圆盘都不相交，则在这个连通域中恰有 $\boldsymbol{A}$ 的 m 个(计算重数)特征值.

证明 只就(1)给出证明.

设 λ 是 $\boldsymbol{A}$ 的特征值，$\boldsymbol{x}=(x_1,x_2,\cdots,x_n)^{\mathrm{T}}\neq\boldsymbol{0}$ 为对应的特征向量，则有

$$(\boldsymbol{A}-\lambda\boldsymbol{E})\boldsymbol{x}=\boldsymbol{0}.$$

记 $|x_k|=\max\limits_{1\leqslant i\leqslant n}|x_i|\neq0$，考虑方程组 $(\boldsymbol{A}-\lambda\boldsymbol{E})\boldsymbol{x}=\boldsymbol{0}$ 的第 k 个方程

$$(\lambda-a_{kk})x_k=\sum_{\substack{j=1\\j\neq k}}^{n}a_{kj}x_j,$$

得

$$|\lambda-a_{kk}|\leqslant\sum_{\substack{j=1\\j\neq k}}^{n}|a_{kj}|\cdot\left|\frac{x_j}{x_k}\right|\leqslant\sum_{\substack{j=1\\j\neq k}}^{n}|a_{kj}|,$$

即 λ 在圆 G_k 内.

例 7.1 估计矩阵

$$\boldsymbol{A}=\begin{pmatrix}3&0&-1\\1&2&0\\1&1&7\end{pmatrix}$$

的特征值范围.

解 $\boldsymbol{A}$ 的 Gerschgorin 圆盘是

$$G_1=\{z\in\mathbf{C}\,|\,|z-3|\leqslant1\},$$
$$G_2=\{z\in\mathbf{C}\,|\,|z-2|\leqslant1\},$$
$$G_3=\{z\in\mathbf{C}\,|\,|z-7|\leqslant2\}.$$

由定理 7.1.2 可知 $\boldsymbol{A}$ 的 3 个特征值位于 3 个圆盘的并集中，因为 G_3 是孤立圆盘，所以 G_3 内恰好包含 $\boldsymbol{A}$ 的 1 个特征值 λ_1(为实特征值)，即 $5\leqslant\lambda_1\leqslant9$. $\boldsymbol{A}$ 的其他 2 个特征值位于 G_1 和 G_2 的并集中.

设 $\boldsymbol{A}=(a_{ij})_{n\times n}$，由第三章定义 3.3.1 知，$\boldsymbol{A}$ 的谱半径 $\rho(\boldsymbol{A})=\max\limits_{1\leqslant i\leqslant n}|\lambda_i|$，其中，$\lambda_1,\lambda_2,\cdots,\lambda_n$ 是 $\boldsymbol{A}$ 的特征值.

定理 7.1.3 设 $\boldsymbol{A}$ 是对称矩阵,则 $\rho(\boldsymbol{A})=\|\boldsymbol{A}\|_2$.

这是因为 $\boldsymbol{A}^{\mathrm{T}}\boldsymbol{A}=\boldsymbol{A}^2$,$\lambda$ 是 $\boldsymbol{A}$ 的特征值,则 λ^2 是 $\boldsymbol{A}^{\mathrm{T}}\boldsymbol{A}$ 的特征值,所以

$$\|\boldsymbol{A}\|_2=\sqrt{\max(\lambda^2)}=\rho(\boldsymbol{A}).$$

§7.2 幂 法

在一些工程、物理问题中,通常只需要求出 n 阶矩阵的绝对值最大或最小的特征值和对应的特征向量. n 阶矩阵的绝对值最大的特征值称为**矩阵按模最大的特征值**或**主特征值**. 对于求这种特征值问题,可以使用幂法. 幂法是一种计算实矩阵 $\boldsymbol{A}$ 的主特征值的一种迭代法.

设 n 阶实矩阵 $\boldsymbol{A}$ 可对角化,即 $\boldsymbol{A}$ 存在 n 个线性无关的特征向量 $\boldsymbol{e}_1,\boldsymbol{e}_2,\cdots,\boldsymbol{e}_n$,它们对应的特征值为 $\lambda_1,\lambda_2,\cdots,\lambda_n$,即

$$\boldsymbol{A}\boldsymbol{e}_i=\lambda_i\boldsymbol{e}_i\quad(i=1,2,3,\cdots,n).$$

如果 $\boldsymbol{A}$ 的按模最大的特征值 λ_1 为实数,且满足条件

$$|\lambda_1|>|\lambda_2|\geqslant\cdots\geqslant|\lambda_{n-1}|\geqslant|\lambda_n|,\tag{7.2.1}$$

则称 λ_1 为 $\boldsymbol{A}$ 的主特征值. 下面用幂法求 λ_1 与 $\boldsymbol{e}_1$.

7.2.1 幂法的基本原理

任取一非零初始向量 $\boldsymbol{v}_0$,用矩阵 $\boldsymbol{A}$ 反复加工得

$$\begin{cases}\boldsymbol{v}_1=\boldsymbol{A}\boldsymbol{v}_0,\\ \boldsymbol{v}_2=\boldsymbol{A}\boldsymbol{v}_1=\boldsymbol{A}^2\boldsymbol{v}_0,\\ \qquad\vdots\\ \boldsymbol{v}_k=\boldsymbol{A}\boldsymbol{v}_{k-1}=\boldsymbol{A}^k\boldsymbol{v}_0,\\ \qquad\vdots\end{cases}\tag{7.2.2}$$

得一向量序列$\{\boldsymbol{v}_k\}$.

由于 $\boldsymbol{e}_1,\boldsymbol{e}_2,\cdots,\boldsymbol{e}_n$ 线性无关,可为 $\mathbf{C}^n$ 的一组基,故

$$\boldsymbol{v}_0=\sum_{i=1}^{n}a_i\boldsymbol{e}_i.$$

设 $a_1\neq0$,于是

$$\boldsymbol{v}_k=\boldsymbol{A}^k\boldsymbol{v}_0=\sum_{i=1}^{n}a_i\boldsymbol{A}^k\boldsymbol{e}_i=\sum_{i=1}^{n}a_i\lambda_i^k\boldsymbol{e}_i=\lambda_1^k\left[a_1\boldsymbol{e}_1+\sum_{i=2}^{n}a_i\left(\frac{\lambda_i}{\lambda_1}\right)^k\boldsymbol{e}_i\right].\tag{7.2.3}$$

由条件知

$$\left|\frac{\lambda_i}{\lambda_1}\right|<1\quad(i=2,3,\cdots,n),$$

因此当 k 充分大时，有

$$\boldsymbol{v}_k \approx \lambda_1^k a_1 \boldsymbol{e}_1. \tag{7.2.4}$$

由式(7.2.4)知 $\boldsymbol{v}_k$ 约等于 $\boldsymbol{A}$ 的对应于 λ_1 的特征向量(除一个常数因子外)，用 $(\boldsymbol{v}_k)_i$ 表示向量 $\boldsymbol{v}_k$ 的第 i 个分量，由式(7.2.4)知

$$\frac{(\boldsymbol{v}_{k+1})_i}{(\boldsymbol{v}_k)_i} \approx \frac{\lambda_1^{k+1} a_1 (\boldsymbol{e}_1)_i}{\lambda_1^k a_1 (\boldsymbol{e}_1)_i} = \lambda_1. \tag{7.2.5}$$

这说明两个相邻迭代向量的分量比值约等于主特征值 λ_1.

这种用已知非零向量作初始向量，用式(7.2.2)构造的向量序列 $\{\boldsymbol{v}_k\}$ 来计算主特征值 λ_1 及对应的特征向量 $\boldsymbol{e}_1$ 的方法称之为**幂法**.

应用式(7.2.2)计算 $\boldsymbol{A}$ 的主特征值时，如果 $|\lambda_1|>1$(或 $|\lambda_1|<1$)，迭代向量 $\boldsymbol{v}_k$ 的各个不等于 0 的分量将随 $k\to\infty$ 而趋向无穷(或零). 这样在计算机上计算时，就可能产生"溢出"或"机器零"的情况，为了避免这种现象，在计算过程中常采用"归一化"措施.

设有一向量 $\boldsymbol{u}\neq 0$，取 $\boldsymbol{v}=\dfrac{\boldsymbol{u}}{\max(u)}$，称为将 $\boldsymbol{u}$ 归一化，其中 $\max(\boldsymbol{u})$ 表示向量 $\boldsymbol{u}$ 的绝对值最大的分量.

"归一化"的幂法的计算格式为取 $\boldsymbol{v}_0\neq\boldsymbol{0}$，则

$$\begin{cases} \boldsymbol{u}_k = \boldsymbol{A}\boldsymbol{v}_{k-1}, \\ \boldsymbol{v}_k = \dfrac{\boldsymbol{u}_k}{\max(\boldsymbol{u}_k)} \end{cases} \quad (k=1,2,3,\cdots). \tag{7.2.6}$$

定理 7.2.1 按照公式(7.2.6)构造的 $\boldsymbol{v}_k$ 和 u_k 满足

$$\lim_{k\to\infty}\boldsymbol{v}_k = \frac{\boldsymbol{e}_1}{\max(\boldsymbol{e}_1)}, \quad \lim_{k\to\infty}\max(\boldsymbol{u}_k) = \lambda_1.$$

证明

$$\boldsymbol{v}_k = \frac{\boldsymbol{u}_k}{\max \boldsymbol{u}_k} = \frac{\boldsymbol{A}\boldsymbol{v}_{k-1}}{\max \boldsymbol{A}\boldsymbol{v}_{k-1}} = \frac{\boldsymbol{A}\dfrac{\boldsymbol{u}_{k-1}}{\max \boldsymbol{u}_{k-1}}}{\max\left(\boldsymbol{A}\dfrac{\boldsymbol{u}_{k-1}}{\max \boldsymbol{u}_{k-1}}\right)} = \frac{\boldsymbol{A}\boldsymbol{u}_{k-1}}{\max \boldsymbol{A}\boldsymbol{u}_{k-1}}$$

$$= \frac{\boldsymbol{A}^2\boldsymbol{v}_{k-2}}{\max \boldsymbol{A}^2\boldsymbol{v}_{k-2}} = \cdots = \frac{\boldsymbol{A}^k\boldsymbol{v}_0}{\max \boldsymbol{A}^k\boldsymbol{v}_0}$$

$$= \frac{\lambda_1^k\left[a_1\boldsymbol{e}_1 + \sum\limits_{i=2}^n a_i\left(\dfrac{\lambda_i}{\lambda_1}\right)^k\boldsymbol{e}_i\right]}{\max\left\{\lambda_1^k\left[a_1\boldsymbol{e}_1 + \sum\limits_{i=2}^n a_i\left(\dfrac{\lambda_i}{\lambda_1}\right)^k\boldsymbol{e}_i\right]\right\}} = \frac{a_1\boldsymbol{e}_1 + \sum\limits_{i=2}^n a_i\left(\dfrac{\lambda_i}{\lambda_1}\right)^k\boldsymbol{e}_i}{\max\left[a_1\boldsymbol{e}_1 + \sum\limits_{i=2}^n a_i\left(\dfrac{\lambda_i}{\lambda_1}\right)^k\boldsymbol{e}_i\right]}.$$

因为

$$|\lambda_1| > |\lambda_2| \geqslant \cdots \geqslant |\lambda_{n-1}| \geqslant |\lambda_n|,$$

所以

$$\lim_{k\to\infty} v_k = \lim_{k\to\infty} \frac{a_1\boldsymbol{e}_1 + \sum_{i=2}^{n} a_i\left(\frac{\lambda_i}{\lambda_1}\right)^k \boldsymbol{e}_i}{\max\left[a_1\boldsymbol{e}_1 + \sum_{i=2}^{n} a_i\left(\frac{\lambda_i}{\lambda_1}\right)^k \boldsymbol{e}_i\right]} = \frac{\boldsymbol{e}_1}{\max(\boldsymbol{e}_1)}.$$

又因为

$$u_k = \boldsymbol{A}\boldsymbol{v}_{k-1} = \frac{\boldsymbol{A}^k\boldsymbol{v}_0}{\max \boldsymbol{A}^{k-1}\boldsymbol{v}_0} = \lambda_1 \frac{a_1\boldsymbol{e}_1 + \sum_{i=2}^{n} a_i\left(\frac{\lambda_i}{\lambda_1}\right)^k \boldsymbol{e}_i}{\max\left[a_1\boldsymbol{e}_1 + \sum_{i=2}^{n} a_i\left(\frac{\lambda_i}{\lambda_1}\right)^{k-1} \boldsymbol{e}_i\right]},$$

所以

$$\lim_{k\to\infty} \max(u_k) = \lambda_1.$$

例 7.2　求方阵 $\boldsymbol{A}$ 的主特征值和相应的特征向量

$$\boldsymbol{A} = \begin{pmatrix} 2 & 4 & 6 \\ 3 & 9 & 15 \\ 4 & 16 & 36 \end{pmatrix}.$$

解　用公式(7.2.6)计算. 取 $\boldsymbol{v}_0 = (1,1,1)^{\mathrm{T}}$，其计算结果见下表：

k	0	1	2	3	4	5
$\boldsymbol{u}_k$		12	8.357	8.168	8.157	8.156
		27	19.98	19.60	19.57	19.57
		56	44.57	43.92	43.88	43.88
$\max(\boldsymbol{u}_k)$		56	44.57	43.92	43.88	43.88
$\boldsymbol{v}_k$	1	0.214 3	0.187 5	0.186 0	0.185 9	0.185 9
	1	0.482 0	0.448 3	0.446 3	0.446 0	0.446 0
	1	1.000 0	1.000 0	1.000 0	1.000 0	1.000 0

从上表可知，若保留小数点后四位，则 $\boldsymbol{v}_4$ 与 $\boldsymbol{v}_5$ 已完全相同，故所求特征值为

$$\lambda_1 = \max(\boldsymbol{u}_5) = 43.88,$$

对应的特征向量为$(8.156, 19.57, 43.88)^{\mathrm{T}}$，按向量的∞-范数归一的特征向量为

$$(0.185\,9, 0.446\,0, 1.000\,0)^{\mathrm{T}}.$$

7.2.2　原点平移法

引进矩阵 $\boldsymbol{B} = \boldsymbol{A} - p\boldsymbol{E}$，其中，$\boldsymbol{E}$ 为 n 阶单位阵，p 为待定参数. 根据特征值的性质，若 λ_i

是$\boldsymbol{A}$的特征值，则λ_i-p是$\boldsymbol{B}$的特征值，且$\boldsymbol{A}$与$\boldsymbol{B}$有相同的特征向量$\boldsymbol{e}_i$ $(i=1,2,3,\cdots)$. 若要计算$\boldsymbol{A}$的主特征值λ_1，就要适当选择p使λ_1-p是$\boldsymbol{B}$的主特征值，且

$$\left|\frac{\lambda_2-p}{\lambda_1-p}\right|<\frac{\lambda_2}{\lambda_1}. \tag{7.2.7}$$

对$\boldsymbol{B}$用幂法求得其主特征值$\mu_1=\lambda_1-p$，则$\boldsymbol{A}$的主特征值$\lambda_1=\mu_1+p$.

对$\boldsymbol{B}$用幂法的收敛速度取决于$\left|\dfrac{\lambda_2-p}{\lambda_1-p}\right|$，当式(7.2.7)成立时就可以提高收敛速度. 这种方法称为**原点平移法**，对于$\boldsymbol{A}$的特征值的某种分布是十分有效的.

原点平移法是一种矩阵变换法，这种变换容易计算又不破坏$\boldsymbol{A}$的稀疏性，但p的选择依赖于对$\boldsymbol{A}$的特征值的大致了解.

§7.3 反幂法

幂法是求n阶矩阵按模最大特征值的方法，反幂法是求n阶矩阵按模最小特征值的方法.

7.3.1 基本思想

设$\boldsymbol{A}$为n阶非奇异矩阵，由特征值的性质知，0不是$\boldsymbol{A}$的特征值；若λ是$\boldsymbol{A}$的特征值，则$\dfrac{1}{\lambda}$是$\boldsymbol{A}$的逆矩阵$\boldsymbol{A}^{-1}$的特征值. 因此$\boldsymbol{A}$的按模最小特征值就是其逆矩阵$\boldsymbol{A}^{-1}$的按模最大特征值. 反幂法就是对$\boldsymbol{A}^{-1}$实行幂法从而得到$\boldsymbol{A}$的按模最小的特征值的方法.

由幂法与反幂法之间的上述关系，易得其**计算公式**.

取$\boldsymbol{v}_0\neq\boldsymbol{0}$，作

$$\begin{cases}\boldsymbol{u}_k=\boldsymbol{A}^{-1}\boldsymbol{v}_{k-1},\\ \boldsymbol{v}_k=\dfrac{\boldsymbol{u}_k}{\max(\boldsymbol{u}_k)},\end{cases}\quad(k=1,2,3,\cdots) \tag{7.3.1}$$

$\boldsymbol{u}_k$可通过解方程组$\boldsymbol{A}\boldsymbol{u}_k=\boldsymbol{v}_{k-1}$求得.

定理 7.3.1 设$\boldsymbol{A}$是一个可对角化的非奇异矩阵，且

$$|\lambda_1|\geqslant|\lambda_2|\geqslant\cdots\geqslant|\lambda_{n-1}|>|\lambda_n|>0,$$

则

$$\lim_{k\to\infty}\boldsymbol{v}_k=\frac{\boldsymbol{e}_n}{\max(\boldsymbol{e}_n)},\lim_{k\to\infty}\max(\boldsymbol{u}_k)=\frac{1}{\lambda_n}, \tag{7.3.2}$$

收敛速度取决于比值$\dfrac{\lambda_n}{\lambda_{n-1}}$.

例 7.3 用反幂法求矩阵$\boldsymbol{A}=\begin{pmatrix}3&2\\4&5\end{pmatrix}$按模最小的特征值与对应的特征向量，精确至7

位有效数.

解　$\boldsymbol{A}^{-1}=\frac{1}{7}\begin{pmatrix}5 & -2\\ -4 & 3\end{pmatrix}$.

取 $\boldsymbol{v}_0=\begin{pmatrix}1\\1\end{pmatrix}$，由公式(7.3.1)，得计算结果如下：

k	1	2	3	4	5	6	7	8
$\boldsymbol{u}_k$	0.428 6	0.809 5	0.966 4	0.995 0	0.999 3	0.999 9	1.00	1.00
	−0.142 9	−0.714 3	−0.949 6	−0.992 5	−0.998 9	−0.999 8	−1.00	−1.00
$\max(\boldsymbol{u}_k)$	0.428 6	0.809 5	0.966 4	0.995 0	0.999 3	0.999 9	1.00	1.00
$\boldsymbol{v}_k$	1.000 0	1.000 0	1.000 0	1.000 0	1.000 0	1.000 0	1.00	1.00
	−0.333 3	−0.882 4	−0.982 6	−0.997 5	−0.999 6	−0.999 9	−1.00	−1.00

由上表可知 $\boldsymbol{v}_7$ 与 $\boldsymbol{v}_8$ 已完全相同，故 $\boldsymbol{A}$ 按模最小的特征值为 $\lambda=\max(\boldsymbol{u}_8)=1.00$，对应的特征向量为 $(1.00,-1.00)^{\mathrm{T}}$.

这里介绍的实际上只是一种方法——幂法，它只能求 n 阶矩阵按模最大或最小的特征值(反幂法)，而 n 阶矩阵的特征值除了按模最大或最小外还有其他的特征值. 除了幂法之外，还有计算 n 阶矩阵全部特征值的 Jacobi 方法、QR 方法等，具体可以参看相关参考文献[7,14].

习题 7

1. 设矩阵 $\boldsymbol{A}=\begin{pmatrix}2 & -1 & 0\\ -1 & 3 & 1\\ 0 & 1 & 1\end{pmatrix}$，求其特征值大致所在的区间.

2. 用幂法计算

(1) $\boldsymbol{A}=\begin{pmatrix}1 & 1 & \frac{1}{2}\\ 1 & 1 & \frac{1}{4}\\ \frac{1}{2} & \frac{1}{4} & \frac{1}{5}\end{pmatrix}$；　　(2) $\boldsymbol{A}=\begin{pmatrix}1 & 2 & 3\\ 2 & 3 & 4\\ 3 & 4 & 5\end{pmatrix}$

的按模最大的特征值及对应的特征向量($\varepsilon=10^{-4}$).

3. 取 $p=-0.5$，用原点平移法计算

$$\boldsymbol{A}=\begin{pmatrix}1 & 2 & 3\\ 2 & 3 & 4\\ 3 & 4 & 5\end{pmatrix}$$

的按模最大的特征值及对应的特征向量($\varepsilon=10^{-4}$).

4. 利用反幂法求矩阵

$$A=\begin{pmatrix} 9 & 10 & 8 \\ 10 & 5 & -1 \\ 8 & -1 & 3 \end{pmatrix}$$

的按模最小的特征值.

5. 利用反幂法求矩阵

$$A=\begin{pmatrix} 1 & 1 & \frac{1}{2} \\ 1 & 1 & \frac{1}{4} \\ \frac{1}{2} & \frac{1}{4} & \frac{1}{5} \end{pmatrix}$$

的最接近于 6 的特征值及对应的特征向量($\varepsilon=10^{-4}$).

第 8 章 上机实验

《数值分析》上机实验的目的是让学生通过上机计算深入地理解数值分析中的有关内容，亲自体验数值方法的美妙之处，充分认识理论与实践相结合的重要性.

数值分析上机实验的要求是让学生用数值方法解决一些书本上或实际生活中的数学问题，形成一定的经验(对不同方法的优劣有一定的认识)，针对同一类问题的不同具体问题，能够采用自己已知或未知的数值方法求解出问题较好的近似解.

§8.1 绪 论

一、实验项目名称

—两类常见数学问题的计算.

二、实验目的

体验在计算机上计算时算法选取的重要性.

三、实验内容

1. 递推公式的计算.

计算由积分定义的序列

$$I_n = \int_0^1 x^n e^{x-1} dx, \quad n = 1,2,\cdots,20.$$

(显然，对于所有的 n，$I_n > 0$，其中 $I_1 = \int_0^1 x e^{x-1} dx = e^{-1} = 0.367\,879\,441\,171$，利用分部积分可得 $I_n = 1 - nI_{n-1}$，$n=2,3,\cdots$，并且 $I_{20} = 0.045\,544\,884\,075\,82$)

要求：采用两种不同的方法(递推公式)计算 $I_1, I_2, \cdots, I_{19}, I_{20}$，并对计算结果进行比较分析.

2. 多项式的计算.

考虑多项式

$$P(x) = a_0 x^n + a_1 x^{n-1} + a_2 x^{n-2} + \cdots + a_{n-1} x + a_n,$$

该多项式又可以写为

$$P(x)=(((((a_0x+a_1)x+a_2)x+a_3)x+\cdots)x+a_{n-1})x+a_n.$$

这就是著名的秦九韶算法. 此算法可以描述成以下形式：

令 $u_0=a_0$，对 $k=1,2,\cdots,n$ 执行算式

$$u_k=xu_{k-1}+a_k,$$

则 $P(x)=u_n$.

计算下列多项式在 $x=2$ 处的函数值 $P(2)$

$$P(x)=40x^{40}+39x^{39}+38x^{38}+\cdots+2x^2+x+1.$$

要求：采用两种不同的方法计算 $P(2)$，并对计算结果进行比较分析.

§8.2 非线性方程求根

一、实验项目名称

非线性方程数值求解.

二、实验目的

体验各种求解非线性方程的数值方法，并获得一定的计算经验.

三、实验内容

1. 计算$\sqrt{3}$的近似值，并给出误差.
2. 试构造不同的迭代格式求解下列方程的近似根，并给出误差：

$$x^3+2x^2+10x=20.$$

3. 用 Newton 迭代法求解 $x^3-1=0$ 的根，初值 x_0 可以取复数.

§8.3 线性方程组的数值解法

一、实验项目名称

线性方程组的数值解法.

二、实验目的

体验各种求解线性方程组的数值方法，并获得一定的计算经验.

三、实验内容

1. 用所学方法求解下列方程组：

(1) $\begin{cases}7x_1+2x_2-x_3=-4,\\4x_1+8x_2+3x_3=5,\\-x_1+2x_2+4x_3=1;\end{cases}$　　(2) $\begin{cases}2x_1-2x_2+5x_3=6,\\2x_1+3x_2+x_3=13,\\-x_1+4x_2-4x_3=3.\end{cases}$

2. 求解下列方程组：

(1) $$\begin{pmatrix} 6 & 1 & & & \\ 8 & 6 & 1 & & \\ & \ddots & \ddots & \ddots & \\ & & 8 & 6 & 1 \\ & & & 8 & 6 \end{pmatrix} \begin{pmatrix} x_1 \\ x_2 \\ \vdots \\ x_{99} \\ x_{100} \end{pmatrix} = \begin{pmatrix} 1 \\ 2 \\ \vdots \\ 99 \\ 100 \end{pmatrix};$$

(2) $$\begin{pmatrix} 8 & 1 & & & \\ 6 & 8 & 1 & & \\ & \ddots & \ddots & \ddots & \\ & & 6 & 8 & 1 \\ & & & 6 & 8 \end{pmatrix} \begin{pmatrix} x_1 \\ x_2 \\ \vdots \\ x_{99} \\ x_{100} \end{pmatrix} = \begin{pmatrix} 1 \\ 2 \\ \vdots \\ 99 \\ 100 \end{pmatrix};$$

(3) $$\begin{pmatrix} 8 & 1 & & & \\ 1 & 8 & 1 & & \\ & \ddots & \ddots & \ddots & \\ & & 1 & 8 & 1 \\ & & & 1 & 8 \end{pmatrix} \begin{pmatrix} x_1 \\ x_2 \\ \vdots \\ x_{99} \\ x_{100} \end{pmatrix} = \begin{pmatrix} 1 \\ 2 \\ \vdots \\ 99 \\ 100 \end{pmatrix}.$$

3. 求解方程组 $\boldsymbol{Ax}=\boldsymbol{b}$，$\boldsymbol{b}$ 任意.

(1) $\boldsymbol{A}$ 为 n 阶随机矩阵，n 任意给定(在 Matlab 里面用 rand(n)生成 n 阶随机矩阵)；

(2) $\boldsymbol{A}$ 为 n 阶 Hilbert 矩阵，n 任意给定(在 Matlab 里面用 hilb(n)生成 n 阶 Hilbert 矩阵).

§8.4　插值与拟合

一、实验项目名称

插值方法与拟合.

二、实验目的

体验各种插值方法与最小二乘拟合，并获得一定的插值与拟合经验.

三、实验内容

1. 对函数 $f(x)=\dfrac{1}{1+25x^2}$，　$x\in[-1,1]$.

(1) 用等距节点 $x_i=-1+\dfrac{2}{n}i\,(i=0,1,2,\cdots,n)$，分别作出它的 n 次 Lagrange 插值、Newton 插值、分段线性插值的图像(n 分别取 3,7,10,20)；

(2) 用等距节点 $x_i=-1+\dfrac{2}{n}i\,(i=0,1,2,\cdots,n)$，作出它在自然边界条件下的三次样条插值函数的图像.

2. 以下是关于注射时间与血药浓度的一些测试数据：

t	0.25	0.5	1.0	1.5	2.0	3.0	4.0	6.0	8.0
c	19.21	18.15	15.36	14.10	12.89	9.32	7.45	5.24	3.01

试用数据的最小二乘拟合方法找出注射时间与血药浓度的近似函数关系式.

§8.5 数值积分与微分

一、实验项目名称

数值积分.

二、实验目的

体验各种积分方法,并获得一些求积分的经验.

三、实验内容

1. 计算 π 的近似值,你能达到多少位有效数字?

($\pi=3.141\,592\,653\,589\,793\,238\,462\,643\,383\,279\,502\,884\,197\,169\,399\,375\,105$)

2. 一个单摆的周期由第一型椭圆积分

$$K(x)=\int_0^{\frac{\pi}{2}}\frac{\mathrm{d}\theta}{\sqrt{1-x^2\sin^2\theta}}$$

给出,使用适当的算法计算这个积分. 选取足够多的 x,在区间$[0,1]$上描出 $K(x)$的光滑图像.

3. 计算下列积分,使误差在10^{-6}以内:

(1) $\int_0^{+\infty}\mathrm{e}^{-x^2}\mathrm{d}x$;　　(2) $\int_0^1\frac{|\ln x|}{1+x}\mathrm{d}x$.

§8.6 常微分方程初值问题的数值解法

一、实验项目名称

常微分方程初值问题的数值解.

二、实验目的

体验各种常微分方程初值问题数值解法,并获得一定的求常微分方程初值问题数值解的经验.

三、实验内容

1. 用所学方法求解下列微分方程初值问题:

$$\begin{cases}y'=\dfrac{y}{y\sin y-x},\dfrac{2}{\pi}\leqslant x\leqslant 2.\\ y\left(\dfrac{2}{\pi}\right)=\dfrac{\pi}{2},\end{cases}$$

2. 考虑一阶积分-常微分方程

$$y' = 1.3y - 0.25y^2 - 0.0001y\int_0^t y(x)\mathrm{d}x.$$

(1) 在区间[0,20]内，取 $h=0.2$，$y(0)=250$，求方程的近似解；

(2) 用初值 $y(0)=200$ 和 $y(0)=300$ 重复(1)的计算，并在同一坐标系中画出三个初始条件所对应的近似解的图像.

§8.7　特征值与特征向量的计算

一、实验项目名称

特征值与特征向量的计算.

二、实验目的

体验幂法、反幂法的作用，并获得一定的求特征值问题的经验.

三、实验内容

考虑下列矩阵

$$\boldsymbol{A} = \begin{pmatrix} 6 & 2 & 1 \\ 2 & 3 & 1 \\ 1 & 1 & 1 \end{pmatrix},$$

求：

(1) $\boldsymbol{A}$ 按模最大的特征值、按模最小的特征值及对应的特征向量；

(2) $\boldsymbol{A}$ 在 2 附近的特征值和对应的特征向量.

第 9 章

Matlab 简介

在当今 30 多个数学类科技应用软件中，就软件数学处理的原始内核而言，可分为两大类：一类是数值计算型软件，如 Matlab，Xmath，Gauss 等，这类软件以数值计算见长，对处理大批数据效率高；另一类是数学分析型软件，如 Mathematica，Maple 等，这类软件以符号计算见长，能给出解析解和任意精确解，其缺点是处理大量数据时效率较低. Matlab 是矩阵实验室（Matrix Laboratory）的缩写，除具备卓越的数值计算能力外，它还提供了专业水平的符号计算、文字处理、可视化建模仿真和实时控制等功能. Matlab 的基本数据单位是矩阵，它的指令表达式与数学、工程中常用的形式十分相似，故用 Matlab 来解算问题要比用 C，FORTRAN 等语言完成相同的事情简捷得多. 具体可以参见 Matlab 相关资料.

§9.1 矩阵、数组与函数

一、矩阵的输入和运算

矩阵的直接输入：小矩阵可用排列各个元素的方法输入，同一行元素用逗号或空格分开，不同行的元素用分号或回车分开. 比如输入下列矩阵 $\begin{pmatrix} 1 & 2 & 3 \\ 4 & 5 & 6 \end{pmatrix}$ 可以采用下列三种输入方式

```
>>A=[1,2,3;4,5,6];
>>A=[1 2 3;4 5 6];
>>A=[1 2 3↲ 4 5 6].
```

矩阵的函数生成：Matlab 提供了一些函数来构造特殊矩阵，比如，n×m 阶全 1 矩阵 ones(n,m)，n×m 阶全零矩阵 zeros(n,m)，n×m 阶(0,1)均匀分布的随机矩阵 rand(n,m)，n×m 阶(0,1)对角线为 1 的矩阵 eye(n,m).

矩阵的裁剪：从一个矩阵中取出若干行(列)构成新的矩阵称为裁剪，用“:”表示. 提取矩阵 **A** 的第二行第三列元素用 A(2,3)，提取矩阵 **A** 的第二行元素用A(2,:)，提取矩阵 **A** 的第三列元素用 A(:,3)，提取矩阵 **A** 的第二至五行元素用 A(2:5,:)，提取矩阵 **A** 的第三至五列元素用 A(:,3:5).

矩阵的运算：矩阵的运算有"＋，－，＊，/，∧"五种. 其中"＋，－"要求两个矩阵的阶数相同；"＊"是矩阵在线性代数意义下的乘法，要求前一个矩阵的列数与后一个矩阵的行数相等；"/"主要是用来解线性代数方程组："∧"求的是矩阵的乘幂，要求矩阵是方阵. 除此之外，还有矩阵的". ＊，. /"和". ∧"，它是标量乘除法，"A. ＊B"和"A. /B"要求 $\boldsymbol{A}$ 与 $\boldsymbol{B}$ 的阶数相同，其结果是对应元素相乘相除所得的同阶矩阵；"A. ∧n"不要求 $\boldsymbol{A}$ 是方阵，其结果是矩阵 $\boldsymbol{A}$ 的每个元素的 n 次幂.

二、数组及其运算

数组可以看成特殊的矩阵，它的运算与矩阵的运算相同，但对于数组的输入有它一些特殊的输入方式：

x＝a：h：b 生成一个向量 $\boldsymbol{x}$，向量的元素是以 a 为第一个数，以 h 为公差（步长）生成的等差数列组成的向量，并且最后一个数不超过 b. 当 $h=1$ 时，可以省略成 x＝a：b. 例如，生成数组 $\boldsymbol{x}=(1,2,3,4,5)$，$\boldsymbol{z}=(1,3,5,7)$.

```
>>x=1:5
>>x=
    1 2 3 4 5
>>z=1:2:8
>>z=
    1 3 5 7
```

除了上述输入方式之外，还有 linspace(a,b,n)输入从 a 到 b 共 n 个数值的等差数组；logspace(a,b,n)输入从10^a 到10^b 共 n 个数值的等比数组.

三、函数

向量函数：有些函数只有当它们作用于（行或列）向量时才有意义，称为向量函数.

常用的向量函数有：max(最大值)，min(最小值)，sum(求和)，length(长度)，mean(平均值)，median(中值)，sort(从大到小排列).

矩阵函数：构造矩阵的函数：zeros(0 阵)；ones(1 阵)；eye(单位阵)；rand(随机阵)；randn(随机阵)；diag(生成或提取对角阵)；triu(生成或提取上三角阵)；tril(生成或提取下三角阵).

进行矩阵计算的函数：size(大小)；det(行列式)；rank(秩)；inv(逆矩阵)；eig(特征值)；trace(迹)；expm(矩阵指数)；poly(特征多项式)；norm(范数)；cond(条件数)；lu(LU 分解)；gr(正交分解)；svd(奇异值分解).

§9.2 常用命令和图形功能

在线帮助系统："＞＞help 关键字"输出"关键字"的功能以及调用方式等信息；"＞＞lookfor 关键字"输出所有包含"关键字"的函数以及命令等.

输出控制："＞＞format short"以单精度方式输出数，小数点后只有 4 位；"＞＞format

long”以长双精度方式输出数，小数点后有 14 位；“>>clear”清除工作空间的所有变量；“>>clc”清除屏幕的所有输出.

图形功能：plot(x,y,'options')二维作图命令；plot2(x,y,z,'options')三维作图命令.

例如，作 $y=\sin(x)$，$x\in[0,\pi]$.

```
>>x=0:0.001:π
>>y=sin(x);
>>plot(x,y,'r.-')
```

以红色点划线作出 $y=\sin(x)$在$[0,\pi]$上的图形.

§9.3 简单程序设计

Matlab 程序文件有两种形式，一种是脚本式文件，另外一种是函数式文件. 所有在命令窗口运行的语句都可以放在脚本式文件中，并且脚本式文件里的变量是全局变量；函数式文件只能以 function 开头作为第一行，但是出现在函数文件内部的所有变量都是局部变量，在函数的外部这些出现在函数中的变量都被释放了.

一、关系运算符与逻辑运算符

Matlab 关系运算符有：

==	>	>=	<	<=	~=
等于	大于	大于等于	小于	小于等于	不等于

Matlab 逻辑运算符有：

|	&	~
或	与	非

二、条件语句

条件语句的最简单形式为：

```
if  <逻辑表达式>
    语句组
end
```

其含义为当逻辑表达式的值为 1 时，执行语句组的命令；否则，跳过它们，执行 end 后面的语句.

第二种形式为：

```
if  <逻辑表达式>
    语句组 1
else
    语句组 2
end
```

其含义为：当逻辑表达式的值为 1 时，执行语句组 1 的命令，然后执行 end 后面的语句；否则，执行语句组 2 的命令，然后执行 end 后面的语句.

第三种形式为多分支语句，其形式为：

```
if  <逻辑表达式 1>
    语句组 1
elseif  <逻辑表达式 2>
    语句组 2
elseif  <逻辑表达式 n>
    语句组 n
else
    语句组 n+1
end
```

其含义为：若某个 i，$1\leqslant i\leqslant n$，逻辑表达式 i 的值为 1 时，执行语句组 i 的命令，然后执行 end 后面的语句；否则，执行语句组 2 的命令，然后执行 end 后面的语句.

例如，编一个程序（函数式文件）对下列分段函数实现给一个 x 求出一个 y 值.

$$y=\begin{cases}0.5, & x<10,\\ 1, & 10\leqslant x<20,\\ 1+0.2(x-20), & x\geqslant 20.\end{cases}$$

其函数式文件如下：

```
function y=f(x)
if x<10
  y=0.5;
elseif (x>=10)&(x<20)
  y=1;
else
  y=1+0.2*(x-20);
end
```

保存为 f.m，在命令窗口输入 f(2)，其输出结果为 0.500 0.

三、循环语句

1. for 循环

for 循环的一般形式为：

```
for  <循环参数>=初始值：步长：终态值
    语句组
end
```

其含义为当循环参数等于初始值时，执行一次语句组；然后循环参数增加一个步长，再执行一次语句组；循环参数再增加一个步长，再执行一次语句组，直到循环参数超过终态值时，执行 end 后面的语句.

例如，编一个程序实现 1 到 100 的所有奇数之和.

```
sum=0;
for i=1:2:100
    sum=sum+i;
end
```

将其保存为 t,在命令窗口输入 t 然后按 Enter 键得其输出结果为 2500.

for 循环的另外一种形式为：

```
for<循环参数>=矩阵
    语句组
end
```

其含义和前面的一样,只是每次循环时,循环参数一次取矩阵的第一,第二,…,第 n 列.

2. while 循环

while 循环的一般形式为：

```
while<逻辑表达式>
    语句组
end
```

其含义为当逻辑表达式的值为真(即 1)时,执行语句组,直到逻辑表达式的值为假(即 0)时,执行 end 后面的语句.

§9.4 数值计算程序设计实例

一、Lagrange 插值

已知函数表：

x	0.4	0.5	0.6	0.7	0.8	0.9
$\ln x$	−0.916 3	−0.693 1	−0.510 8	−0.356 7	−0.223 1	−0.105 4

(1) 求 ln 0.54 的近似值；

(2) 求横坐标为 $x=[0.45,0.55,0.65,0.75,0.85]$的近似图像.

解 (1) 编制(翻译)函数式 M 文件,函数名为 Lagrange.m,函数内容如下：

```
function y=Lagrange(x0,y0,z)
n=length(x0);sum=0;
for k=1:n
t=1;
for j=1:n
if j~=k
```

```
t=t.*(z-x0(j))./(x0(k)-x0(j));
end
end
sum=sum+y0(k).*t;
y=sum;
end
```

(2) 在命令窗口运行下列程序：

```
>> x=[0.4,0.5,0.6,0.7,0.8,0.9];
>> y=[-0.9163,-0.6931,-0.5108,-0.3567,-0.2231,-0.1054];
>> Lagrange(x,y,0.54)
>> ans=-0.6161
>> z=[0.45,0.55,0.65,0.75,0.85];
>> y1=Lagrange(x,y,z);
>> plot(z,y1)(图形略)
```

二、变步长梯形法

用变步长梯形法计算下列积分，要求准确到10^{-5}：

$$\int_0^3 e^x \sin x dx.$$

解 (1) 把变步长梯形法编制成函数式 M 文件，函数名为 Vsm.m，具体内容如下：

```
function I=Vsm(f,a,b,eps)
h=b-a;
T1=h/2*(feval(f,a)+feval(f,b));
while 1
S=0;x=a+h/2;
while 1
S=S+feval(f,x);x=x+h;
if x>=b
break
end
end
T2=T1/2+h*S/2;
e=abs(T2-T1);h=h/2;T1=T2;
if e<=eps
break
end
end
I=T2;
```

(2) 定义被积函数：

```
function y=f(x)
y=exp(x)*sin(x);
    在命令窗口运行程序
>> a=0;b=3;
>> eps=0.0000005;
>> I=Vsm('f',a,b,eps)
I=10.9502
```

三、Newton 迭代法

用 Newton 迭代法求方程 $xe^x-1=0$ 在 $x_0=0.5$ 附近的根，允许误差为$\frac{1}{2}\times 10^{-4}$.

解 (1) 编制函数式 M 文件，函数名为 Newton.m，具体形式如下：

```
function y=Newton(f,df,x0,eps,M)
d=0;
for k=1:M
if feval(df,x0)==0
d=2;break
else
x1=x0-feval(f,x0)/feval(df,x0);
end
e=abs(x1-x0);x0=x1;
if e<=eps & abs(feval(f,x1))<=eps
d=1;break
end
end
if d==1
y=x1;
elseif d==0
y='迭代 M 次失败';
else
y='奇异'
end
```

(2) 分别定义被积函数 f.m 和 df.m：

```
function y=f(x)
y=x*exp(x)-1;
function y=df(x)
y=x*exp(x)+exp(x);
```

在命令窗口运行：

```
>> x0=0.5;
>> eps=-.00005;
>> M=100;
>> x=Newton('f','df',x0,eps,M)
x=0.5671
```

四、Jacobi 迭代法

用 Jacobi 迭代法求解方程组

$$\begin{cases} 8x_1 - 3x_2 + 2x_3 = 20, \\ 4x_1 + 11x_2 - x_3 = 33, \\ 6x_1 + 3x_2 + 12x_3 = 36, \end{cases}$$

要求取 $\boldsymbol{x}^{(0)}=(0,0,0)^{\mathrm{T}}$，允许误差为 0.000 005.

解 (1) 编制函数式 M 文件，函数名为 Jacobi.m，具体形式如下：

```
function y=Jacobi(A,b,x0,eps,M)
D=diag(diag(A));
U=triu(A,1);
L=tril(A,-1);
G=-inv(D)*(L+U);
d=inv(D)*b;
v=0;
for k=1:M
x=G*x0+d;
e=norm(x-x0,inf);
x0=x;
if e<=eps
v=1;break
end
end
if v==1
y=x;
else
y='迭代失败';
end
```

(2) 在命令窗口运行：

```
>> a=[8 -3 2;4 11 -1;6 3 12];
>> b=[20 33 36]';
>> x0=[0 0 0]';
>> M=100;
>> eps=0.000005;
```

```
>> Jacobi(a,b,x0,eps,M)
ans=
3.0000
2.0000
1.0000
```

五、幂法

求矩阵 $\mathbf{A}=\begin{pmatrix}-3 & 1 & 0\\ 1 & -3 & -3\\ 0 & -3 & 4\end{pmatrix}$ 的按模最大的特征值与相应的特征向量.

解 (1) 编制函数式 M 文件,函数名为 Mifa.m,具体形式如下:

```
function [lamda,X]=Mifa(A,x,eps,M)
d=0;x=x/max(abs(x));
for k=1:M
y=A*x;y0=max(y);
if y0==max(abs(y))
lam=y0;
else
lam=-max(abs(y));
end
if lam==0
d=2;break
end
e=norm(x-y/lam,inf);x=y/lam;
if e<=eps
d=1;break
end
end
if d==1
lamda=lam;X=x;
elseif d==0
lamda='迭代 M 次失败';
else
lamda='挑选一个新的初始向量重新开始';
end
```

(2) 在命令窗口运行:

```
>> A=[-3 1 0; 1 -3 -3; 0 -3 4];
>> x0=[0 0 1]';
>> eps=0.000005;
>> M=200;
>> [lamda,x]=Mifa(A,x0,eps,M)
```

```
lamda =
5.1248
x =
-0.0461
-0.3749
1.0000
```

六、四阶 Runge-Kutta 方法

取步长 $h=0.2$，用四阶 Runge - Kutta 法求解初值问题

$$\begin{cases}\dfrac{dy}{dx}=y-\dfrac{2x}{y}, & 0\leqslant x\leqslant 1,\\ y(0)=1.\end{cases}$$

解 （1）编制函数式 M 文件，函数名为 R_K. m，具体形式如下：

```
function Y=R_K(f,a,b,y0,h)
m=(b-a)/h;
Y=zeros(m,1);
x=a;y=y0;
for n=1:m
K1=feval(f,x,y);
x=x+0.5*h;y1=y+0.5*h*K1;
K2=feval(f,x,y1);
y2=y+0.5*h*K2;
K3=feval(f,x,y2);
x=x+0.5*h;y3=y+h*K3;
K4=feval(f,x,y3);
y=y+h*(K1+2*K2+2*K3+K4)/6;
Y(n)=y;
end
```

（2）定义被积函数 f1. m：

```
function z=f1(x,y)
z=y-2*x/y;
```

在命令窗口运行：

```
>> a=0;b=1;h=0.2;y0=1;
>> R_K('f1',a,b,y0,h)
ans =
1.1832
1.3417
1.4833
1.6125
1.7321
```

参考文献

[1] 蔡大用. 数值分析与实验学习指导[M]. 北京:清华大学出版社,2002

[2] 陈传淼. 科学计算概论[M]. 北京:科学出版社,2007

[3] 封建湖等. 计算方法典型题分析解集[M]. 西安:西北工业大学出版社,2001

[4] 韩丹夫,吴庆标. 数值计算方法[M]. 杭州:浙江大学出版社,2006

[5] 何伟保,张民选. 数值分析[M]. 贵阳:贵州科技出版社,2003

[6] 黄云清等. 数值计算方法[M]. 北京:科学出版社,2009

[7] 蒋尔雄. 矩阵计算[M]. 北京:科学出版社,2008

[8] 李庆扬等. 数值分析[M]. 北京:清华大学出版社,2001

[9] 李庆扬,关治,白峰杉. 数值计算原理[M]. 北京:清华大学出版社,2000

[10] 林成森. 数值分析[M]. 北京:科学出版社,2007

[11] 施吉林. 计算机数值方法 [M]. 第 3 版. 北京:高等教育出版社,2008

[12] 孙志忠. 数值分析全真试题解析[M]. 南京:东南大学出版社,2006

[13] 奚梅成. 数值分析方法[M]. 合肥:中国科学技术大学出版社,2003

[14] 徐树方,钱江. 矩阵计算六讲[M]. 北京:高等教育出版社,2011

[15] 杨一都. 数值计算引论[M]. 北京:高等教育出版社,2008

[16] 袁慰平等. 计算方法与实习[M]. 南京:东南大学出版社,1991

[17] 张晓丹等. 应用计算方法教程[M]. 北京:机械工业出版社,2008

[18] 周铁,徐树方,张平文,李铁军. 计算方法[M]. 北京:清华大学出版社,2006

[19] David Kincaid, Ward Cheney. Numerical Analysis: Mathematics of Scientific Computing(Third Edition) [M]. Beijing: China Machine Press,2003

[20] John H. Mathews, Kurtis D. Fink. Numerical Methods Using Matlab(Third Edition) [M]. Beijing: Publishing House of Electronics Industry,2002